BEAUTY STYLING

Preface

인간이 추구하는 아름다움을 표출하는 수단인 뷰티, 패션, 디자인의 기본 중 코디와 스타일링은 매우 큰 비중을 차지한다. 그러므로 자기 자신의 외모와 TPO에 맞추어 자신을 전체적으로 코디하고 스타일링을 하는 것은 아름다움을 표현하기 위해 매우 중요하다. 결과적으로 외모를 가꾸고 본인이 어필하고 싶은 것을 적재적소에 표현할 수 있는 것은 매우 중요한 능력 중 하나가 되고 있는 것이다.

패션 경향을 파악하고, 의상과 액세서리, 헤어스타일, 메이크업, 소품 등을 센스있게 연출하여 유행을 리드하고, 자신의 개성을 표출하며, 자신의 전문성을 도드라지게 할 수 있는 방법이 스타일링이며, 이러한 스타일링을 익히고 적재적소에 표현할 수 있도록 훈련하는 것은 뷰티디자인의 매우 중요한 부분이다.

이 책은 대학 뷰티관련 학과에서 강의를 하고 있는 교수들이 모여 뷰티스타일링을 하는 방법을 기초부터 실전까지 체계적으로 서술하였다. 트렌드, 실루엣과 룩, 컬러 코디네이션, 체형 코디네이션, 이미지에 따른 코디네이션, 아이템 코디네이션과 같은 전반적인 스타일링을 이론적 배경으로 하고 헤어와 메이크업의 디자인을 메인 테마로 하여 뷰티스타일링을 할 수 있도록 구성하였다. 또한 매 장 끝에는 Worksheet를 넣어 그 장에서 배운 내용을 응용하고 자신의 것으로 체득할 수 있도록 하였다.

뷰티스타일링을 위한 이론과 실기가 어우러질 수 있도록 다양한 방법을 이용하여 책을 구성하였지만, 필요한 부분을 모두 다루지 못한 아쉬움이 남아 있다. 이러한 점들은 앞으로 지속적으로 수정·보완해 나갈 것을 다짐드리며, 부디 이 작은 책자가 미용과 패션디자인 분야를 공부하는 분들에게 작은 도움이라도 되기를 기대해 본다.

끝으로 바쁘신 중에도 원고 정리에 함께 수고해 주신 교수님들과 출판을 맡아 수고하신 청구문화사 이상태 사장님과 임직원분들께 심심한 감사를 드린다.

2024년 초여름

저자 일동

Contents

CHAPTER 04

체형 코디네이션

CHAPTER 05

이미지에 따른 코디네이션

CHAPTER 06

아이템 코디네이션

CHAPTER 07

헤어 & 메이크업 스타일링

CHAPTER

01

트렌드

CHAPTER 1

트렌드

1. 트렌드 Trend

1) 트렌드의 정의

트렌드(Trend)의 라틴어 어원은 '~으로 향함'이라는 뜻의 Tendere로, 프랑스어로는 Tendance, 독일어로는 Tendenz라고 한다. 트렌드라는 단어는 16세기 처음으로 사용하기 시작했으며, '특정 방향으로 달리거나 구부리다'라는 동사로 여겨졌다.

트렌드의 사전적 의미로는 경향, 대세, 변동, 추세 등을 나타내는 말이며, 어느 시점으로 시작하여 경제, 문화, 사회 등 모든 영역에서 함께 나타나는 현상으로 금세 사라지는 유행(Fad)과는 구분이 된다.

트렌드는 1960년대 후반 무렵부터 패션 업계에서 유행의 변동 경향을 뜻하는 용어로 쓰이기 시작하면서 미디어 대중 모두 '트렌드'라는 단어를 널리 사용하기 시작했다.

2) 트렌드의 종류

(1) 패드 Fad

일시적(1년)으로 유행하는 트렌드로 급격하고 짧은 기간 동안 유행하는 패션이나 스타일을 말한다. 대중적인 흥미나 경향에 따라 발생하며 갑작스럽게 등장하고 빠르게 사라지는 것이 특징이다.

(2) 마이크로 트렌드 Micro Trend

특정 소수의 인구나 특정 지역에서 시작되어 점차 확산되는 작은 규모의 트렌드를 말하며 이는 일반적으로 대중적인 트렌드보다는 일부 소수, 집단 등 특정 커뮤니티에 제한된 특이한 취향이나 스타일의 변화를 말한다.

(3) 메이저 트렌드 Major Trend

상대적으로 큰 규모의 인구나 여러 산업에서 영향을 미치며 상당한 기간(3년~5년) 동안 지속되는 트렌드를 나타낸다. 대중적으로 수용되어 다양한 분야에 영향을 주는 중요한 흐름을 포함하며, 특정 스타일이나 문화적 변화 등이 여러 해 동안 지속되는 것이 특징이다.

(4) 메가 트렌드 Mega Trend

긴 기간(10년 이상 지속) 동안 전 세계적으로 영향을 미치며 사회, 기술, 경제, 환경 등의 다양한 분야에 큰 변화를 가져오는 주요한 트렌드를 나타내며 메가 트렌드는 일반적으로 수십 년 이상 지속되며 큰 범위의 영향을 미치는 경향이 있다.

(5) 컬쳐 트렌드 Culture Trend

다양한 분야에서 발생하는 여러 가지 트렌드들을 포괄하는 상위 수준의 추세를 나타내며 이는 여러 메가 트렌드나 주요 사회적 변화와 관련하여 나타나는 대형적인 흐름을 의미한다. 긴 시간(30년 이상) 동안의 패턴을 나타내는 트렌드의 종류이다.

트렌드 종류

2. 유행 Fashion

1) 유행의 정의

유행(Fashion)의 어원은 라틴어로 만드는 것, 행위, 활동 등을 뜻하는 Facto에서 시작되어 중세에 와서 Facioum이라고 하던 것이 Fashion으로 변하여진 것이다. 유행이란 일정한 시기에 사회의 상당수 사람들이 그들의 취미, 기호, 사고방식과 행동양식 등을 의식적으로나 무의식적으로 취사선택함으로써 전염되는 사회적 동조현상을 말한다. 다시 말하면 어느 주어진 시기에 대중적으로 받아들여지는 스타일을 말한다.

2) 유행주기

유행주기란 어떤 스타일이 대중적으로 수용되는 과정을 말하는 것으로서
① 도입기(Introduction)
② 상승기(Rise in Popularity)
③ 절정기(Peak of Popularity)
④ 쇠퇴기(Decline in Popularity)
⑤ 폐지기(Rejection)의 과정을 갖는다.

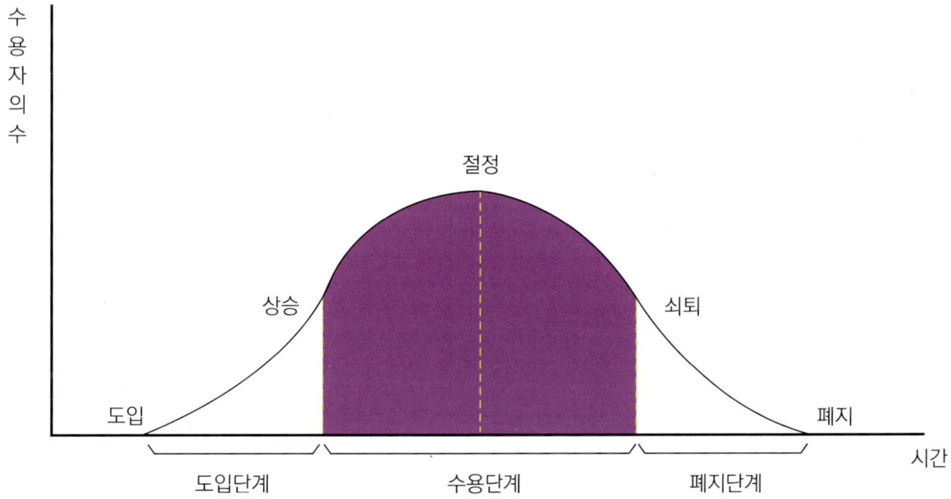

패션주기 Fashion Cycle

(1) 도입기 Introduction

도입기는 새로운 것을 좋아하고 다른 사람들과 달리 개성있는 의복을 입고자 하는 욕구가 강한 선도자적인 사람들에 의해 패션이 수용되는 시기이다.

(2) 상승기 Rise in Popularity

상승기는 새로운 패션이 많은 사람들에 의해서 구매되고, 입혀지고, 다른 사람에게 보여짐으로써 패션이 대중에게 전파되기 시작하는 시기이다.

(3) 절정기 Peak of Popularity

절정기는 한 패션의 인기가 가장 높아질 때 많은 제작자들이 복제하거나 대량생산하여 많은 소비자들이 입게 되는 시기이다.

(4) 쇠퇴기 Decline in Popularity

쇠퇴기는 대량생산된 스타일에 싫증을 느끼게 되고 좀 더 새로운 무엇인가를 갈망하며, 대부분의 소비자들은 이미 이것들을 새로 구입하려 하지 않는 시기이다.

(5) 폐지기 Rejection

폐지기는 유행주기의 마지막 단계로서 이미 새로운 것에 마음을 돌리게 되는 시기이다. 이와 같은 유행주기와 길이는 일정하지 않으며, 오늘날에는 전반적으로 점점 유행주기가 짧아지는 경향이 강해지고 있다.

3) 유행의 종류

(1) 최신유행 High Fashion

유행주기의 도입기로서 유행지도자(Fashion Leader)들, 즉 유행의 변화를 처음으로 받아들이는 한정된 수의 사람들에 의해서 채택된 스타일이나 디자인을 말한다. 일반적으로 소량생산으로 판매되어 비교적 값이 비싸고 대부분 극단적으로 과장된 스타일이어서 실용면 보다는 새로운 영감의 근원(Source of Inspiration)이 된다. 착용자의 사회적 명성이나 권위, 경제적 지위가 높은 것이 최신유행의 특징이다.

(2) 대중유행 Mass Fashion

유행주기의 상승기 이후의 단계로서 대중에게 가장 많이 받아들여지고 보편화되어지는 스타일이며, 대량생산되어 보통 수준의 가격으로 판매된다.

(3) 클래식 Classic

일반적인 유행에 비하여 주기가 길고 절정이 낮아 처음 유행이 시작되어서 끝날 때까지의 기간이 길며, 오래 두고 입어도 모양이 유행에 크게 벗어나지 않고 영속적인 유행으로 받아들여지는 스타일을 말한다. 유행스타일은 디자인이 체형에서 크게 벗어나지 않으며, 인체의 선을 존중하는 실루엣이 특징이다. 색상에 있어서도 강렬한 색상은 거의 사용되지 않으며, 기본적인 색상이 주류를 이룬다.

(4) 패드 Fad

비교적 소수의 일부 집단, 특히 젊은 층에 의해서 순식간에 받아들여졌다가 같은 속도로 빨리 소멸되는 주기가 짧은 유행을 말하며, 지극히 일시적인 붐이라고 말할 수 있다.

짧은 기간 동안 반짝했다가 사라지는 소규모 패션이 패드의 특징적인 요소이지만 또한 기이하고 특이한 디자인도 특징 중의 하나이다. 패드로써 성공하려면 값이 싸고 눈에 띄도록 디자인되어야 하며, 처음에는 특이한 형태 때문에 선택하나 이것이 곧 싼값에 대량으로 공급됨에 따라 독특한 맛을 잃고 값싸 보이게 되므로 곧 사용하지 않게 된다.

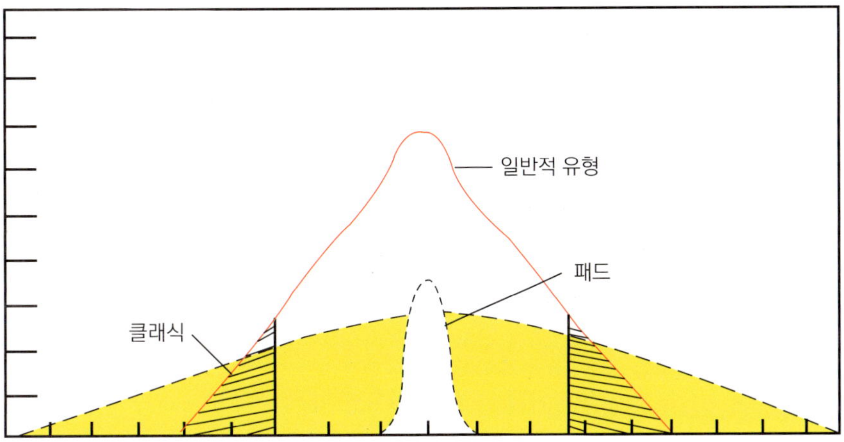

유행의 종류

4) 유행의 속성

사람들의 심리에는 두 가지 상반된 성질이 있어서 다른 사람과 차별화되어 눈에 띄고 싶은 새로운 변화를 원하는 성격과 한편으로는 다른 사람들과 같아지고 싶은 획일성을 원하는 양면성을 가지고 있다. 즉 변화를 좋아해 항상 새로운 유행을 쫓는 사람들과 그 유행을 모방하지 않으면 안 된다는 심리적 강박관념을 가진 사람들이 새로운 유행을 계속 뒤쫓아가기 때문에 유행은 점점 확산되어 간다. 이와 같이 유행의 정의를 중심으로 유행의 속성을 살펴보면 "유행이란 가장 지배적인 스타일이며, 그 시대의 반영이며, 변화를 위한 변화이며, 대중의 수용에 의해서 알 수 있다."라고 정의할 수 있다.

5) 유행 심리

유행의 심리를 크게 셋으로 나누어 보면 다음과 같다.

① 사람들은 한 개인으로서 자신을 표현하려는 의지와 사회에 대한 소속감을 충족시키려는 욕구를 동시에 가지고 있다. 즉 두 개의 상반된 욕구를 지니며, 이러한 모순된 욕구들이 유행을 창조하고 존속시키는 요인이 된다.

② 유행은 사회적으로 발생되는 심리적 두려움, 불확실성, 그리고 불안한 자아를 보호해 주며, 유행을 따름으로써 동료들과 동등하게 된다고 생각하게도 한다. 이런 점들이 유행을 따르게 되는 요인이 된다.

③ 유행은 유행주기의 어느 시점에서 스타일을 채택하는가에 따라 착용자의 지위와 신분이 나타나므로, 사람들은 좀 더 높은 명예와 권력을 얻기 위하여 유행에 의존하게 되는데 이는 유행이 존속하는 요인이 된다.

chapter 01

Worksheet

▪ 유행 트렌트 분석표(　　　년　　　/　　　)

1. 키워드 :

2. 유행컬러

3. 스타일 분석(헤어, 메이크업, 패션, 기타)

4. 스타일 적용의 예를 연출하시오. (예: 영화, 음식, 인테리어 등)

CHAPTER

02

실루엣과 룩

1. 디자인의 원리
2. 실루엣 · 라인 Silhouette · Line
3. 룩과 스타일 Look and Style

CHAPTER 2

실루엣과 룩

1. 디자인의 원리

패션은 매년 혹은 매 계절마다 그 형태가 변하고 있다. 그러나 무질서하게 바뀌는 것 같이 보이는 패션의 변화도 어떤 큰 리듬 속에서 미리 예상되는 형태로 질서 있게 변하고 있는 것이다.

이와 같이 리듬 속에서 미리 예상되는 형태를 디자인의 원리라고 하며, 이 디자인의 원리는 유행에 따라 변하는 것이 아니라 다만 디자인 요소(Element)만이 자주 변하고 있는 것이다. 그러므로 디자인의 각 요소들을 알맞게 적용하여 체계적으로 사용하는 방법을 디자인의 원리(Principle)라고 한다. 의복 디자인의 원리는 크게 균형, 비율, 리듬, 강조, 통일 등 다섯 가지로 나누고 있다.

1) 균형 Balance

균형이란 하나의 축을 중심으로 무게나 힘이 균등하게 분배되어 있는 상태이다. 즉, 수평 혹은 수직 축을 중심으로 하여 무게, 크기, 밀도, 그리고 위치와 관련되어 어느 한쪽으로 기울거나 치우치지 않은 고른 상태를 말하며, 우리는 이 때 안정감과 휴식, 침착함을 느낄 수 있다.

의복의 균형은 선, 색채, 재질의 디자인 요소들이 갖는 양(Volume)과 힘에 의해서 이루어지며, 좌우의 디자인 요소가 시각적으로 같은 무게를 느끼게 할 때 균형을 이루게 된다. 균형을 이루는 방법에는 여러 가지가 있으나 크게 대칭 균형(Formal and Symmetrical Balance)과 비대칭 균형(Informal and Asymmetrical Balance)으로 나뉜다.

(1) 대칭 균형 Formal and Symmetrical Balance

대칭 균형에는 좌우 대칭과 상하 대칭, 그리고 한 점을 중심으로 동등한 각도로 배치되어 형성되는 방사대칭 등이 있다. 의복의 대칭 균형이란 좌우의 선, 색채, 재질이 같고, 선의 위치가 중심에서 같은 거리에 놓여 있는 것을 말한다.

(2) 비대칭 균형 Informal and Asymmetrical Balance

비대칭 균형이란 동일하지 않은 무게의 경우, 거리를 달리하거나 밀도를 달리하여 조정함으로써 평형을 유지하는 이론이다. 의복의 비대칭 균형은 좌우의 선, 색채, 재질 중 어느 한 요소가 좌우에 다르게 사용되어 디자인이 좌우 대칭을 이루지 못한 상태를 말한다.

비대칭 균형의 디자인은 일반적으로 성숙미와 세련미를 주어 운동감, 유연성, 부드러움을 느끼게 한다. 비대칭 디자인은 활동성이 강한 스포티한 이미지, 여성스러운 이미지로 주로 많이 사용된다.

2) 비율 Proportion

비율이란 길이나 면적과 같은 크기가 두 개 이상 서로 존재할 때 생기는 다양한 차이와 유사한 수치에 관한 개념이다. 비율의 원리에 관해서는 많은 연구가 되어 왔으나 그 중에서 가장 대표적인 것은 황금 분할(Golden Section) 이론이다.

황금 분할의 기본은 하나의 선을 대, 소의 선으로 쪼개는 경우 작은 부분과 큰 부분 길이의 비가 큰 부분과 전체 길이와의 비와 같다는 것이다. 즉 이 결과의 수치는 1:1.618이 되며 이는 대략 긴 부분과 짧은 부분이 8:5가 되도록 하면 전체 길이가 13이 되어 5:8 ≒ 8:13을 유지할 때 그 미적 효과가 가장 크다는 것이다.

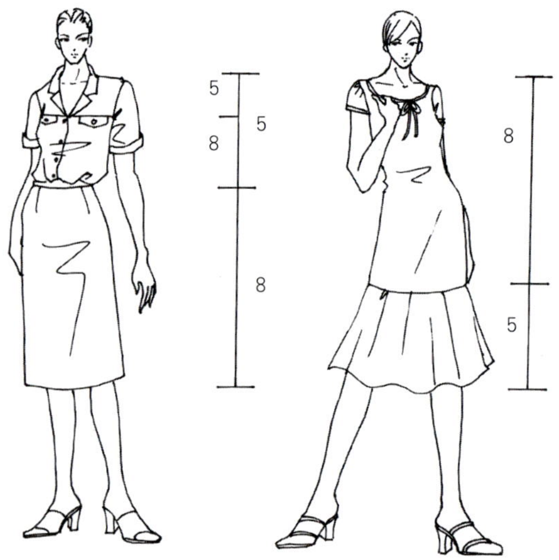

황금 분할의 원리

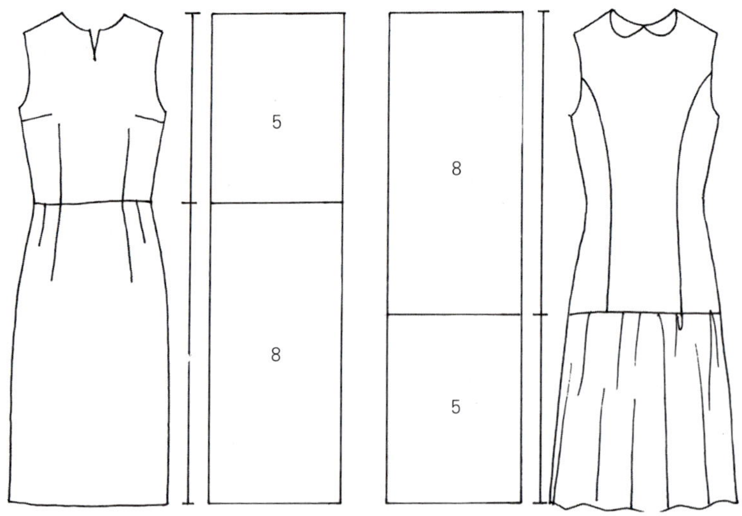

황금 분할에 의한 구성의 예

3) 리듬 Rhythm

리듬이란 어떠한 요소를 규칙적으로 반복하거나 점진적으로 변화시킴으로써 움직임을 느끼게 하는 것을 말한다. 다시 말하면 선이나 면적, 형태, 문양 등의 요소들을 어떠한 체계로 배치함으로써 생겨나는 진행의 힘과 시선을 유도하는 힘으로 자연스럽고도 흥미 있는 움직임을 느끼도록 하는 시각적인 율동인 것이다. 따라서 리듬은 동적인 원리이며 그 효과는 경쾌하고 생동적인 운동감을 유발시키는 것이다.

(1) 반복적 리듬 Repetition Rhythm

반복적 리듬은 리듬의 유형 중 가장 단순한 것으로 한가지 선, 형식, 색채 또는 재질 등을 규칙적으로 동일하게 반복함으로써 생기는 리듬을 말하며, 의복에서는 줄무늬 옷감, 핀턱을 이용한 블라우스나 일정한 플리츠 스커트 등이 이 경우이다.

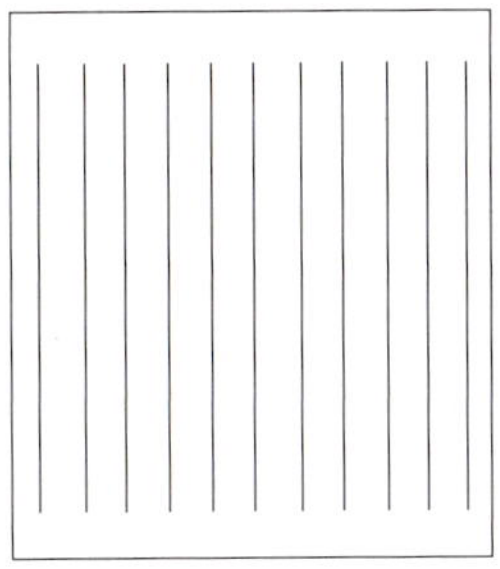

반복적 리듬

반복적 리듬의 의복 예

(2) 점진적 리듬 Gradation Rhythm

점진적 리듬은 반복의 단위가 점차적으로 강해지거나 약해지면서 되풀이되는 경우를 말한다. 따라서 점진적 리듬은 반복적 리듬보다 훨씬 강렬한 운동감을 준다. 점진적 리듬의 변화는 정점을 향하여 이루어져야 하고 그곳에서 멈춰야 한다.

즉 반복을 요구하는 것이 아니며, 정점에서 갑자기 멈추고 다시 시작하거나 또는 정점에서 역으로 다시 원래의 단계로 차츰차츰 되돌아가야 하는 것이다. 의복에 있어서 점진적 리듬의 적용 범위는 선의 두께, 선과 선 사이의 간격, 형태의 크기, 면적 등의 활용을 들 수 있다.

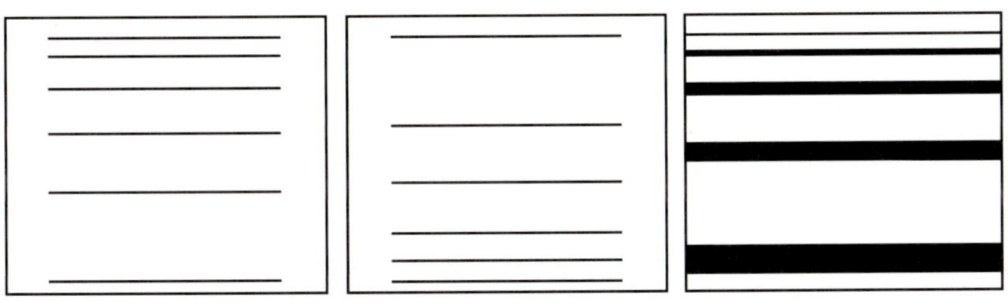

점진적 리듬

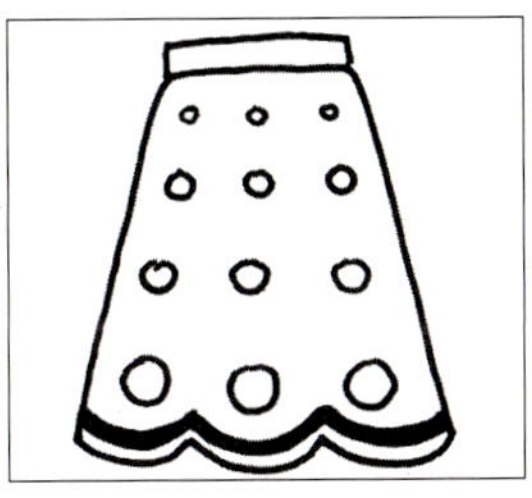

점진적 리듬의 의복 예

(3) 방사상 리듬 Radiation Rhythm

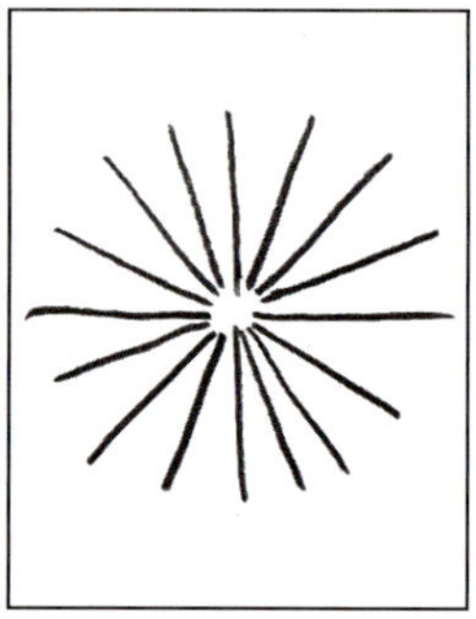

방사상 리듬

방사상 리듬의 의복 예

방사상 리듬은 중심점을 기준으로 해서 여러 방향으로 퍼져 나가는 것을 반복함으로써 얻어지는 리듬이다. 이 방사상 리듬은 매우 역동적이며 강렬한 시선을 집중시킬 수 있는 리듬이다.

의복에 있어 방사상 리듬은 선이나 형태에 의하여 생겨나는 장식적인 경우, 즉 다트의 방향, 칼라의 끝이나 가장자리의 장식, 플레어 스커트의 퍼져 나가는 드레이프(Drape), 쪽 치마(Gored Skirt)의 절개선 등이 대표적이다.

(4) 연속적 리듬 Sequence Rhythm

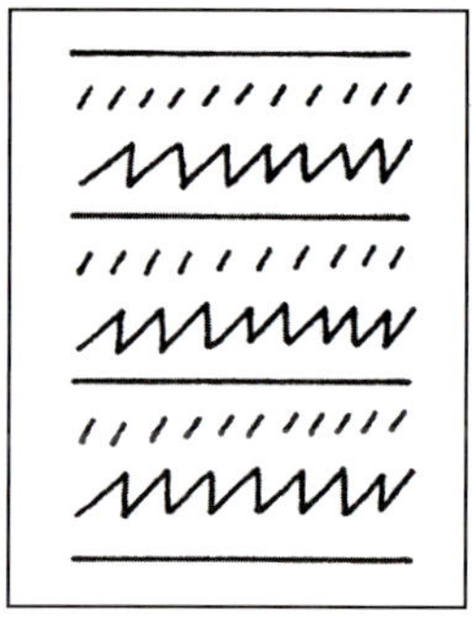

연속적 리듬

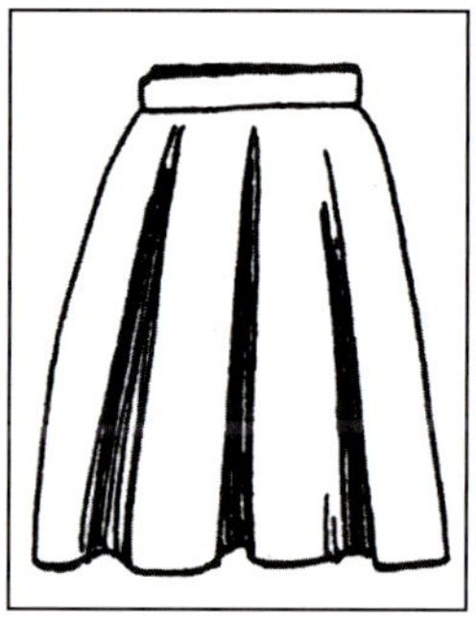

연속적 리듬의 의복 예

연속적 리듬은 형태와 선이 순서와 의미에 있어서 계속되어지는 것을 말한다. 즉 연속이란 순서에 의해서 계속적으로 흘러가는 듯한 리듬을 말하며, 이 연속적 리듬은 명확하고 긴장감이 있으며 정돈된 느낌을 주는 리듬이다.

의복에 있어서 연속적 리듬은 여러 가지의 선을 조합하여 연속된 형태로 장식하거나 색상이나 무늬를 의미 있게 연속시킬 때 적용될 수 있다.

(5) 교대적 리듬 Alternation Rhythm

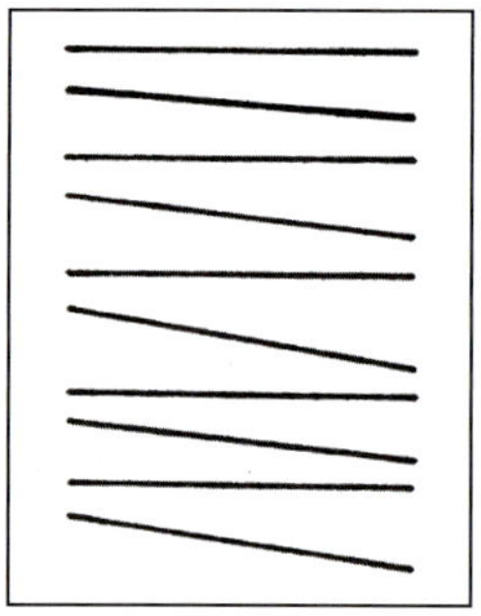

교대적 리듬

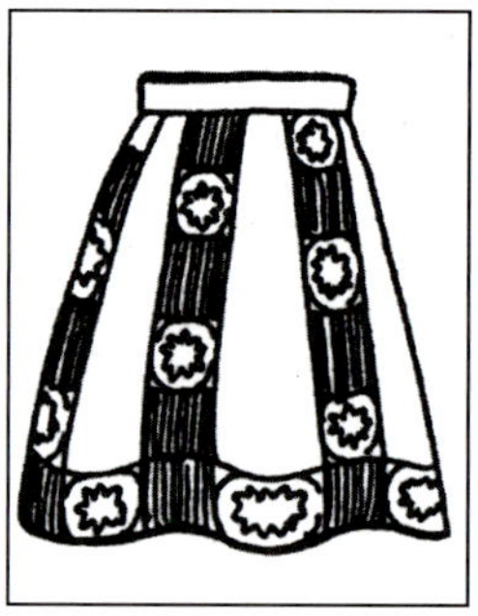

교대적 리듬의 의복 예

교대적 리듬은 두 가지 종류의 단위가 앞·뒤 또는 좌·우로 서로 교차되면서 번갈아 되는 것을 말하며, 연속과 반복이 합성된 리듬이다. 따라서 교대는 최소한 두 가지의 단위가 반복되어 그들 둘 사이의 대비가 생겨날 수 있다.

교대된 두 단위가 비슷한 분위기를 나타낸다면 그 효과는 더욱 강화된다. 그러나 서로 반대되는 느낌의 단위가 연결된다면 그 효과는 감소되고 흐려지게 된다. 교대적 리듬은 규칙적인 반복의 리듬을 만들어 냄으로써 우리의 시선을 흥미롭게 하는 리듬이다. 의복에 있어 교대적 리듬은 선의 두께, 종류, 간격을 교대로 포함할 수 있으며 형태도 마찬가지로 적용할 수 있다. 또 문양, 재질, 색상 또한 교대적 리듬을 만들어 낼 수 있다.

(6) 변이적 리듬 Transition Rhythm

변이적 리듬은 하나의 상황과 위치에 또 다른 것이 부드럽고 유연하게 통과하는 것을 말한다. 그 변화는 계속적으로 일어나기 때문에 변화를 뚜렷하게 지적할 수 있는 지점이나 단계가 끝나는 점을 지적하기 어렵다. 변이는 급변 없이 연속과 점진이 융합되어 부드럽고, 유연하고, 풍부한 리듬을 창조한다. 변이적 리듬은 트럼펫 스커트와 색상이 스펙트럼처럼 서서히 융합되어 다음 단계의 색으로 변화하는 색상의 직물에서 찾아 볼 수 있다.

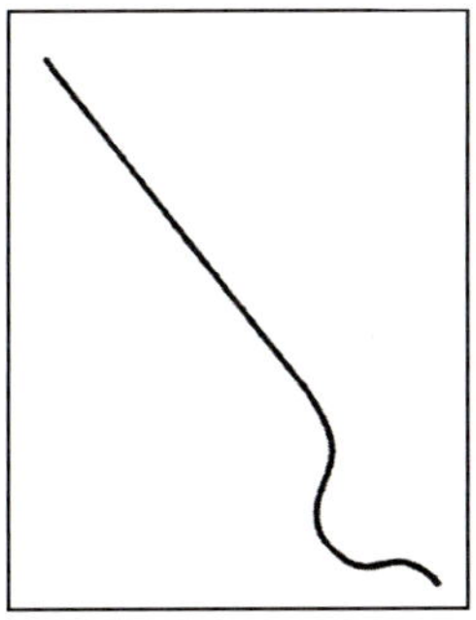

변이적 리듬

변이적 리듬의 의복 예

4) 강조 Emphasis

강조란 관심과 흥미를 끌기 위해 한 단위 내에서 다른 곳보다 두드러지고 돋보이게 하는 것을 말하며, 이러한 관심과 흥미를 의복에 적용하는 것을 말한다. 강조는 의복 디자인에 있어 매우 중요한 위치를 차지하고 있으나 의복에 있어서 흥미를 끄는 중심점은 하나 이상이 되어서는 안된다.

즉, 좋은 의복 디자인은 강조를 위해 소재, 색상, 장식 중 한가지 주제만을 선택하며 결코 세 가지 모두를 선택해 서로 혼란을 주어서는 안 된다. 따라서 하나의 중심을 기준으로 그 나머지 부분들은 이 강조점을 위하여 보완·보충하는 종속적인 역할을 하는 것이 바람직하다.

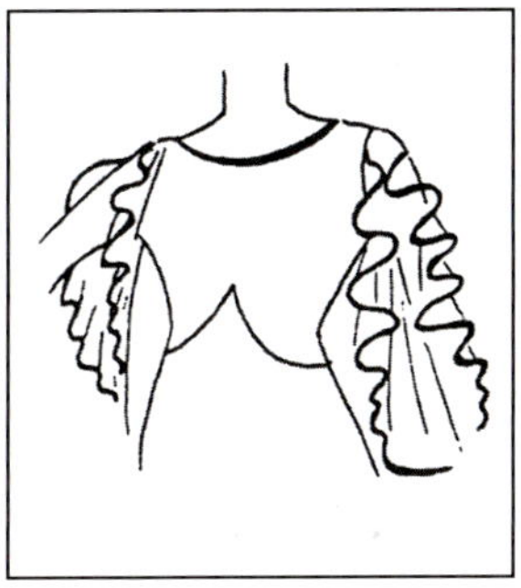

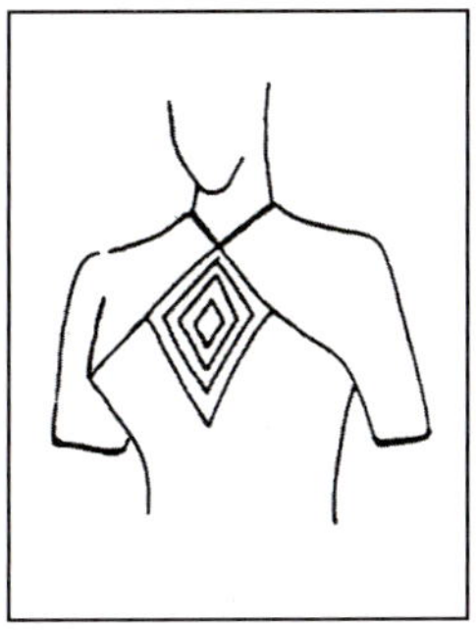

강조의 예

의복에 있어서의 강조는 그 의복을 입는 착용자의 개성이나 분위기 또는 그 의복의 용도에 따라 고려되어야 하며, 강조위치는 착용자에게 직접적으로 흥미를 끌 수 있도록 하는 곳으로써 일반적으로 관심의 초점이 되는 부분은 네크 라인 부분이며, 기능상 불편을 주는 위치에는 강조하지 않는 것이 좋다.

강조를 더욱 효과적으로 나타낼 수 있는 방법으로는 차이가 나는 요소들을 대립시켜 강조를 극대화하는 대조(Contrast), 어느 한 곳으로 모든 것을 향하게 하는 집중(Concentration), 각 요소들이 지배와 종속의 관계로 연결되어 어느 한 부분이 다른 것보다 두드러져 강조되는 우세(Domination) 등이 있다.

5) 통일 Unity

통일이란 완전한 일체감, 총체감, 통합된 전체감 그리고 일관되고 완성된 느낌을 말하며, 의복에 있어서 통일감이란 조화와 아름다움을 창출해 낼 수 있는 질서감을 말한다. 의복에서의 통일은 소재, 실루엣, 구조 그리고 세부 장식들이 모두 서로 융합되어야 하며 의복 디자인에 있어서의 통일은 때와 장소에 따른 적합한 디자인, 즉 T.P.O(Time, Place, Occasion)에 따른 적합한 디자인으로서의 통일이 이루어져야 한다.

통일감은 간결함을 추구하게 되나 통일감을 너무 중시하고 강조하다 보면 디자인이 단조로워 보이거나 지루해질 위험성이 있다. 간결함이란 단조롭지도 무미건조하지도 않아야 한다. 따라서 통일의 원리는 디자인의 각 요소나 원리들이 합해지고, 또 착용자와 한데 어울려 하나의 전체적이며 통합적인 효과를 나타내어 아름다움과 조화를 이룰 수 있어야 한다.

통일성을 적용한 예

2. 실루엣 · 라인 Silhouette · Line

1) 실루엣 · 라인의 개념

복식 디자인에 있어서 실루엣은 가장 기본적인 요소이며 복장의 전체적인 윤곽을 말한다. 실루엣은 프랑스어로 「그림자」, 「윤곽」의 뜻으로 물체와 외계와의 접촉면이 그려내는 경계선, 즉 의복을 착용하였을 때 나타나는 윤곽선을 말한다. 그러나 실루엣은 어디까지나 인체를 바탕으로 하여 그 인체 위에서 표현되어야 한다. 그러므로 실루엣을 어떤 모양으로 할 것인가를 생각하기 전에 먼저 각 사람의 체격이 어떤 비율로 구성되어 있는지를 파악해야 한다. 사람의 신체는 누구나 개인차를 가지고 있다.

인체의 개인차는 천차만별이므로 개성을 대상으로 하여 개인적인 결점을 은폐하는 디자인을 하기도 한다. 실루엣 · 라인(Silhouette · Line)은 의복의 외각선을 이루는 길(Bodice)의 형태, 슬리브의 형태, 스커트 또는 팬츠의 형태와 길이 등에 의해서 형성된다. 바꾸어 말하면 실루엣을 통해서 길 · 슬리브 · 스커트의 길이나 형태 등 여러 가지를 알 수 있다. 실루엣 · 라인은 유행의 기본이 되고, 유행의 전체적인 경향을 결정하며, 디자인의 근간을 이루기 때문에 실루엣 안의 라인들은 실루엣·라인과 조화를 이루도록 선택 · 디자인되어야 한다.

2) 실루엣 · 라인의 종류

(1) 스트레이트 실루엣 Straight Silhouette

허리를 조이지 않고 옷자락 넓이 그대로 몸통까지 직선으로 살린 실루엣으로 허리에 다트(Dart)가 없는 것이 특징이다.

(2) 슬림 실루엣 Slim Silhouette

슬림이란 「호리호리한」, 「연약한」이란 뜻으로 폭을 좁게 하여 몸에 꼭 맞게 한 실루엣이다.

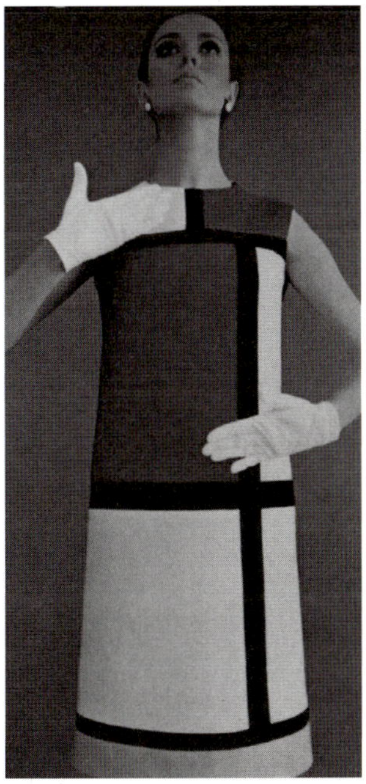

스트레이트 실루엣

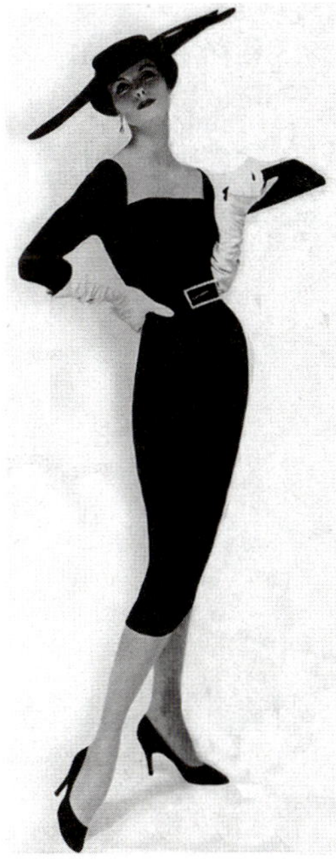

슬림 실루엣

(3) 롱 토르소 실루엣 Long Torso Silhouette

토르소란 인체의 몸통을 말하며 엉덩이선 또는 그 아래로 허리선을 내려서 몸통을 길게 보이도록 하는 디자인으로 원피스의 경우 스트레이트한 실루엣의 몸통 부분에 로우웨이스트로 된 스커트를 입는 것을 말한다.

(4) 박시 실루엣 Boxy Silhouette

박시란 상자형을 말하는 것으로 어깨를 넓히고 어깨에서 스트레이트로 내려간 상자 모양과 같으며 그 예로는 재킷이나 코트가 있으며 주로 상의에 이용된다.

(5) 아우어글래스 실루엣 Hourglass Silhouette

아우어글래스란 모래 시계를 말하며, 어깨 폭을 강조하고, 허리선을 조이고, 엉덩이를 부풀게 하거나 스커트의 밑단을 펴서 모래 시계형으로 한 실루엣이다. 이 실루엣은 1945년부터 1947년까지 크게 유행하였다. 이 때 어깨를 강조한 상태에서 허리선을 조이면 그만큼 어깨 폭이 돋보이게 되므로 당시는 이것을 볼드 룩(Bold Look)이라고 불렀다.

롱 토르소 실루엣

박시 실루엣

아우어글래스 실루엣

(6) 머메이드 실루엣 Mermaid Silhouette

허리에서 엉덩이선과 무릎 부분까지를 타이트하게 하고, 그 아랫부분은 밑자락을 향해 인어 꼬리처럼 펼친 것을 말한다. 이브닝 드레스, 칵테일 드레스 등에 많으며, 슬림한 스커트의 옷단 쪽에 플리츠나 플라운스(Flounce), 프릴(Frill) 등을 단 것도 그 예이다.

머메이드 실루엣

(7) 배럴 실루엣 Barrel Silhouette

몸통부분이 불룩한 병 모양으로 전체적으로 둥글고 도련을 좁힌 실루엣이다. 주로 코트나 원피스, 드레스, 스커트에서 볼 수 있다.

(8) 텐트 실루엣 Tent Silhouette

삼각형의 텐트를 본 딴 실루엣으로 어깨는 몸에 꼭 맞고 의복의 밑자락으로 내려가면서 점점 넓게 퍼진 모양이다.

(9) H-라인 실루엣 H-Line Silhouette

날씬한 체형에 알맞은 실루엣으로 허리선은 약간 가늘고 앞가슴은 평평하게 처리한 것이 특징이다.

배럴 실루엣

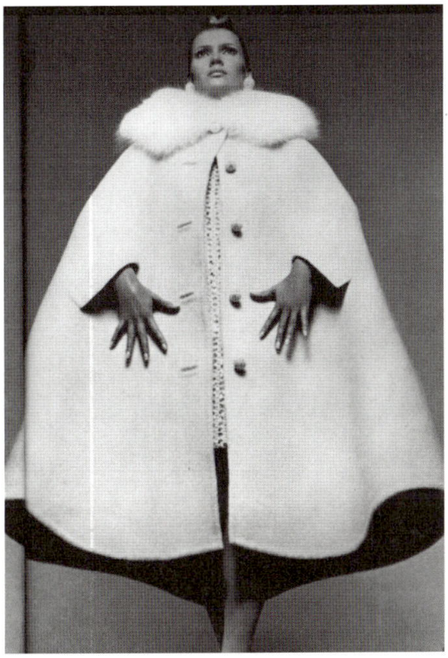

텐트 실루엣

H-라인 실루엣

(10) 크리놀린 실루엣
Crinoline Silhouette

반구형으로 부풀려 올린 스커트 모양의 실루엣으로 돔 실루엣(Dome Silhouette)이라고도 한다.

크리놀린 실루엣

(11) 버슬 실루엣 Bustle Silhouette

버슬에 의해 만들어진 복장의 외형을 말하며, 이 실루엣을 옆으로 보면 가슴에서부터 스커트 자락까지는 직선으로 이루어진 것에 비해 뒤는 허리선을 극단적으로 가늘게 조이고 엉덩이 부분은 버슬로 둥글게 과장시켜서 스커트의 자락까지 곡선미를 강조한 것이 특징이다.

(12) 오벌 실루엣 Oval Silhouette

어깨, 가슴, 허리, 소매의 선에 마음껏 둥근 느낌의 선을 살린 실루엣을 말한다.

버슬 실루엣

오벌 실루엣

3. 룩과 스타일 Look and Style

1) 룩과 스타일의 개념

스타일은 형식, 형태, 유행 등을 의미한다. 복식용어로서의 스타일에는 의복의 양식이나 형태, 유행형, 용모나 기품이란 의미가 포함된다. 또한 룩(Look)이라고 부를 때는 소재감, 색상, 무늬, 디테일 등 표면적인 디자인의 특징이 반드시 있어야 한다. 어떤 시기에 처음 만들어진 모드(Mode)가 어느 특징적 의복이 되어 유행이 태어나고 그것이 대중에 보급된 후 일반화 된 경우에 이것을 스타일(Style)이라 일컫는다.

즉, 어떤 전형적인 모드가 나타내고 있는 특징적 요소를 말한다. 예를 들어 엠파이어 실루엣은 엠파이어 스타일이라고도 부르는데, 이것은 19세기초 나폴레옹 1세 시대의 복장이지만 하이 웨이스트와 완만하게 벌어지는 실루엣, 작은 팝 슬리브 등 독특한 요소를 갖는 하나의 스타일로서 인식되고 사용되고 있다. 이와 같이 룩은 개략적인 이미지 또는 느낌으로 특징을 포착한 개념적인 용어인 점에 비하여 스타일은 보다 구체적인 디자인의 특징을 가리킨다.

2) 룩과 스타일의 종류

(1) 소프트 룩 Soft Look

가볍고 부드러운 소재로 만들어진 로맨틱한 페미닌풍의 룩을 말한다.

(2) 깁슨 걸 룩 Gibson Girl Look

찰스다나 깁슨이라는 미국의 삽화가가 그리는 초상화에 나타나 있다. 극단적으로 가는 허리에 엉덩이와 가슴을 풍성하게 살리고, 스커트는 종(Bell)모양을 한 S자형의 스타일이다.

소프트 룩 깁슨 걸 룩

(3) 리틀 걸 룩 Little Girl Look

프릴의 트리밍이나 팝적인 액세서리 등에 의해 소녀풍의 이미지로 치장한 것을 말한다.

(4) 베이비 돌 룩 Baby Doll Look

어린아이와 같은 천진난만한 여성을 가리키며, 앳되고 귀여운 느낌을 가지면서 동시에 어른스러움을 갖춘 옷차림을 말한다.

(5) 워킹 웨어 룩 Working Wear Look

작업복, 노동복에서 디자인을 응용한 것으로 진즈 룩(Jean's Look), 점퍼 룩(Jumper Look) 등 스포티한 스타일을 말한다.

(6) 밀리터리 룩 Military Look

밀리터리는 군대, 군인이라는 뜻으로, 여성패션에서 군복풍의 요소로 디자인된 것을 말한다. 넓은 범위의 군복 스타일을 가리키며 직선적이고 기능적이며 활동적인 면의 강조에 있다. 전체적인 스타일뿐만 아니라 부분적인 디테일도 견장이나 금속 단추를 활용하여 군복풍을 강조하기도 한다.

리틀 걸 룩

베이비 돌 룩

워킹 웨어 룩

밀리터리 룩

(7) 세퍼레이츠 룩 Separates Look

세퍼레이트는 「분리한다」, 「별개의」라는 뜻으로 복식에서는 수트와 같이 상·하 한 벌로 착용하는 것이 아니라 조화를 이루는 것이라면 자유로이 조화시켜 입을 수 있는 의복을 말한다. 예를 들어 스웨터와 스커트, 블라우스와 스커트, 블라우스와 점퍼와 스커트, 팬츠와 재킷 등의 한 벌 맞춤으로 조화되고 있다.

(8) 라이딩 룩 Riding Look

승마복을 도입한 스포츠 캐주얼로 승마경기나 대회 등에서 착용하는 독특한 재킷이나 조끼(Vest), 모자, 팬츠, 부츠나 슈즈가 있다.

(9) 라이더스 룩 Riders Look

오토바이 라이더들의 복장에서 힌트를 얻은 스타일로, 가죽의 연결이나 방염 가공된 화학소재로 패셔너블(Fashionable)하게 변형해 새로운 외출복으로 만든 스타일을 말한다.

세퍼레이츠 룩

라이딩 룩

라이더스 룩

(10) 사파리 룩 Safari Look

사파리란 동부 아프리카 지방에서 수렵여행을 할 때 입는 복장에서 힌트를 얻은 것으로, 패치포켓(Patch Pocket)과 벨트가 달리고 선명한 장식상침이 돋보이는 재킷과 팬츠, 챙이 넓은 모자 등을 하나로 코디네이트시켜 입는다.

(11) 컨템포러리 룩 Contemporary Look

패션에서 쓰이는 컨템포러리는 현대적인 새로운 감각을 가지고 있는 옷차림을 의미한다. 보통 컨템포러리 우먼은 현대적인 여성의 지칭으로 캐리어 우먼처럼 전문적인 직업을 가지고 경제적으로도 자립하여 패션감각이 뛰어난 도회적인 여성이거나 가정주부일지라도 사회활동에 적극성을 보여 넓은 시야를 가지고 질적 수준이 높은 생활을 지향하는 패션 감각이 남다른 여성을 의미하고 있다.

(12) 진즈 룩 Jeans Look

진즈란 원래 진(Jean)이라는 소재로 만든 팬츠나 재킷류를 말한다. 스포티한 캐주얼 감각의 대표적인 룩으로 우리나라에서는 1960년대 후반에 히피 패션으로서 유행하였다. 소재는 데님 코듀로이(Denim Corduroy), 코튼 스웨이드(Cotton Suede) 등으로 만들어진 것을 총칭한다.

사파리 룩

컨템포러리 룩

진즈 룩

(13) 볼드 룩 Bold Look

남성적인 대담성을 살린 스타일로, 어깨에 패드를 넣어 넓히고, 허리를 느슨하게 하여 외관상의 선을 굵게 처리한 것이 특징이다.

(14) 아이비 룩 Ivy Look

미국 동부의 명문대학 학생이나 졸업생이 즐겨서 착용하는 스타일로 원래 맨즈 패션(Men's Fashion)이 주체이다. 대학간의 대항리그를 아이비리그라고 불렀던 것에서 생긴 명칭으로 블레이저 재킷(Blazer Jacket), 오드 재킷(Odd Jacket), 파카(Parka) 등이 있다.

(15) 심플리시티 룩 Simplicity Look

장식이 없거나 간소한 것으로 「심플」은 자연적이며 기본적인 기능에 만족하는 세련의 극치라는 뉘앙스로 표현되고 있다. 의복 디자인에서 보면 심플은 아무런 주장이 없다. 그러나 아무 것도 없다는 것처럼 강한 주장은 없다. 그러므로 스타일이 단순 명쾌하기 때문에 흐트러지지 않는 순수한 개성이 있다.

볼드 룩

아이비 룩

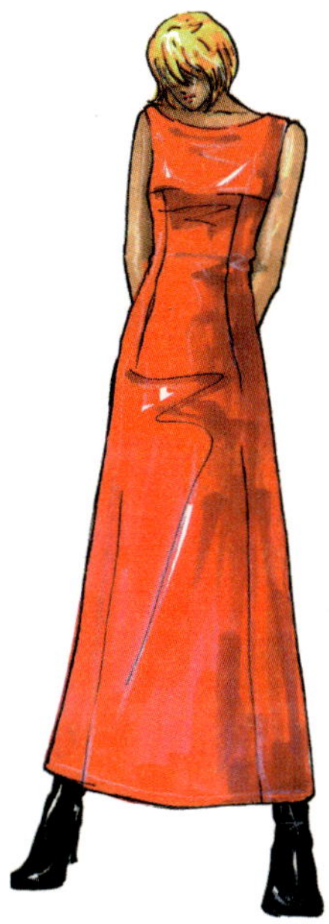

심플리시티 룩

(16) 댄디 룩 Dandy Look

「댄디」는 멋진 남자라는 뜻으로 남성 취향의 여성 패션이다. 그러나 매니쉬나 일반적인 테일러드 스타일에 비해 댄디는 남성의 예복 스타일을 여성화한 점이 다르고, 신사복 스타일을 여성화 한 점도 다르다. 댄디는 지극히 사치스럽고 세심한 주의를 요하는 까다로운 스타일이다. 옷감은 물론 최상의 것이어야 하며, 액세서리도 되도록이면 값진 것으로 한치의 빈틈도 없이 완벽에 가까울 정도의 아름다움을 추구하는 사람들의 패션이다. 이 댄디 룩을 가장 많이 이용하는 디자이너는 이브 생 로랑이다.

(17) 옵티칼 룩 Optical Look

옵티칼은 「시각」이라는 뜻으로 눈의 착각을 이용해서 예술적 효과를 표현하는 것으로 몬드리안(Mondrian)이 지하철 타일에서 힌트를 얻어 작품화하면서 시작된 것이다.

옵티칼의 모티프는 직선, 곡선, 원, 삼각 등 기하학 무늬의 조화에 따라서 보는 사람의 눈에 착각을 일으키게 하는 효과를 낸다. 패션에서는 주로 스타일보다 직물에 나타나는 무늬의 구성으로 이용되고 있다.

댄디 룩

옵티칼 룩

(18) 스노브 룩 Snob Look

스노브는 「속물」, 「지위」, 「재물 숭배자」라는 뜻의 부정적인 의미이지만, 패션에서는 타인과의 식별을 값비싼 의상을 입음으로 해서 나타내려는 일종의 자기위안이며 과시로 사용되고 있다. 스노브는 세련되고 도시적인 아름다움을 말한다. 많은 돈을 의상에 지불하고 시간을 할애하여 자신의 미모를 가꾼다. 또 의상은 물론 액세서리에 이르기까지 일류품만 고집하는 스타일이지만 결코 주관이 결여되어 있지 않은 완벽한 아름다움을 추구하는 스타일이다.

(19) 세일러 룩 Sailor Look

해군이나 항해가들이 입던 제복의 디자인 특징을 도입시킨 옷차림을 말한다. 세일러 칼라의 헐렁한 스타일로 플리츠 스커트나 세일러 팬츠를 한 벌로 매치시킨다. 또 그 위에 세일러 캡(Cap)을 쓰거나 타이를 매어 해군다운 느낌을 강조하기도 한다.

스노브 룩

세일러 룩

(20) 에콜로지 룩 Ecology Look

에콜로지는 인공적 행위에 의해 오염된 현재의 환경을 거부하고 자연으로의 동화를 꾀하며 자연 속에서 살아간다는 소박한 소망이 집약적으로 표현된 디자인이다.

에콜로지를 표방하는 패션은 자연스런 멋을 부각시키기 위해 천연섬유를 선택하고, 천연염료로 염색된 소재를 사용하여 소박함과 편안한 착용감을 동시에 추구한다. 디자인은 농촌과 전원의 정취가 살아있는 디자인으로 지나친 조형미를 배격하고 수수하고 활동의 자유를 만끽하게 해주고 있다.

(21) 콜로니얼 룩 Colonial Look

식민지풍이라는 의미로, 패션에서는 19~20세기에 걸쳐서 유럽의 식민지 시대에 백인들이 좋아한 감각이나 이미지를 가리킨다. 소재는 마직, 목면 등 통풍이 잘 되는 것으로 하고, 색상은 자연적인 색상이거나 흰색, 베이지 등이 사용되고 있다. 콜로니얼 룩은 기능성을 중요시 한 딱딱한 디자인이지만 어딘지 모르게 식민지 시대의 우아하고 세련된 이미지를 풍기고 있다.

에콜로지 룩

콜로니얼 룩

(22) 오리엔탈 룩 Oriental Look

아시아 민족적 복장이라는 의미로서, 오리엔탈은 순수예술 분야에서부터 대중예술에 이르기까지 커다란 붐을 이루고 있다. 원래 20세기 러시아 발레의 영향을 받아 폴·포와레가 처음으로 패션에 반영시켰다. 패션에서는 80년대 중반부터 중국풍, 인도풍의 민속의상이 세계적으로 유행되는 추세를 보이고 있다.

(23) 소피스티케이티드 룩 Sophisticated Look

「세련된」, 「교양 있는」이라는 의미로, 도시적인 세련미로 빈틈없이 다듬어진 어른스러움이나 어딘지 모르게 섹시하면서도 스마트한 표현 등으로 나타낸다. 20대 후반에서 30대 전반의 전문직에 종사하고 지성과 교양미를 갖춘 여성이 이 감각을 좋아한다.

(24) 시스루 룩 See-Through Look

시스루는 「투시한다」, 「무엇인가를 투과해서 본다」는 뜻으로 시폰, 오간디, 보일(Voil) 등의 비치는 천으로 블라우스, 셔츠 등을 만들어 속옷을 입지 않고 맨살에 입어 피부를 비쳐 보이게 하는 스타일이다.

오리엔탈 룩 소피스티케이티드 룩 시스루 룩

(25) 이그조틱 룩 Exotic Look

이그조틱은 「이국풍」, 「이국정서」라는 뜻으로 낯설고 색다른 멋을 쫓는 취미를 말한다. 원래는 미술 공예품, 복장이나 용모 등의 양식과 분위기에 쓰이는 말이지만 패션에서는 외국의 풍속이 반영된 의상이나 옷맵시에 이국적인 무드가 살아있거나 또 그런 경향을 추구하는 디자인 발상을 말한다.

이그조틱의 근본 바탕은 노스탈직(Nostalgic)에서 비롯된 것으로 대상은 저개발국가이거나 소수민족처럼 그들 특유의 고유문화를 간직하고 있는 곳에 한정된다.

그러므로 과거에 대한 회상과 향수, 그 중에서도 민족의상의 특색과 스타일, 분위기, 장식 등을 선호하는 감성이 강해 에스닉(Ethnic)풍이라고도 할 수 있다.

(26) 웨스턴 룩 Western Look

아메리카 서부개척시대의 카우보이들이나 개척자들이 즐겨 입던 스타일로, 활동적이며 야성미가 넘치는 이미지를 갖는 것이 특징이다. 대표적인 소재는 진이며 웨스턴 셔츠, 타이, 벨트, 부츠, 재킷 등으로 코디네이트 되어 있다.

이그조틱 룩

웨스턴 룩

(27) 트로피칼 룩 Tropical Look

하와이, 타이티, 사모아 등 남태평양제도, 그리고 카리브해에서 중남미, 아프리카, 인도네시아까지 넓은 지역이 포함된 열대지방의 민속의상에서 힌트를 얻은 패션이다.

이국풍의 이미지가 반영된 선명한 색채와 열대지방 특유의 프린트 무늬의 소재가 썸머 패션(Summer Fashion), 리조트 패션(Resort Fashion)으로 이용되고 있다.

(28) 포클로어 룩 Folklore Look

60년대 말 히피(Hippy)의 영향으로 인도, 티베트 등의 민속의상이 주목되면서 포클로어가 본격적으로 패션의 주체가 되기 시작했다. 70년대 이브 생 로랑이 페이전트풍인 유럽 각국의 농민들이 즐겨 입는 소박한 의상을, 그리고 일본 디자이너 다카다 겐조가 포클로어를 컬렉션의 테마로 삼으면서 시작되었다. 유럽 지방의 농민의상, 인디언의상 등 대자연 속에서 생활하는 사람들이 가지고 있는 소박하고 전원적인 이미지를 특징으로 하고 있다.

(29) 차이니스 룩 Chinese Look

「중국의」, 「중국풍의」, 「중국인의」라는 뜻으로 중국인 관리가 입는 옷이나 시민들이 입는 옷 등 현대풍의 중국의상을 모티브로 해서 디자인한 스타일을 말한다. 특징은 퀼팅(Quilting) 소재로 스탠드 칼라나 칼라가 없는 재킷 등으로 표현되고 있다.

트로피칼 룩　　포클로어 룩　　차이니스 룩

(30) 지오메트릭 룩 Geometric Look

「기하학의」, 「기하학적인」이라는 의미로, 예술 분야에서 사용될 때는 기하학적, 추상적인 선과 도형의 구성, 즉 직선을 기본으로 한 줄무늬, 십자, 지그재그, 곡선에 따른 파상형, 나선형, 동심원, 그리고 삼각, 사각, 타원 등을 결합시킨 구성으로서 합리적인 규칙성이 이루어질 때 지오메트릭이라 한다.

패션에서는 눈의 착시를 이용한 옵티컬 아트무늬의 유행, 미니 길이의 직선형 드레스 등의 스타일이다. 또 디테일과 액세서리도 현대감각의 기하학적인 표현이 많고, 색상도 검정과 흰색을 주제로 한 기하학적인 무늬가 가지고 있는 리드미컬한 움직임을 강조한 강한 배색이 주로 사용된다.

(31) 여피 룩 Yuppie Look

야망으로 가득 찬 젊은 사람들의 패션 스타일로, 그들은 자신의 하는 일에 열성적이며 보다 나은 생활과 지위를 위해 부단히 노력한다. 의복이나 구두, 액세서리까지 일류 브랜드 상품을 선호하는 경향이 높고, 음식도 자연식을 좋아하며, 단정한 차림의 비즈니스 슈트(Business Suit)에 조깅 슈즈로 통근하는 것이 전형적인 스타일이다.

지오메트릭 룩

여피 룩

(32) 노스탈직 룩 Nostalgic Look

「향수」, 「향수에 젖은」, 「향수를 느낀다」라는 의미로 패션에서는 과거 유행의 부활을 뜻하거나 민속의상의 특징과 스타일 또는 분위기와 장식 등이 들어가 있는 스타일을 형용할 때 많이 쓰인다. 일상적인 패션이 점점 단순해지고 합리화되고 획일화되는 풍조 속에서 수공예적인 요소와 민속의상이 주목을 끌기 시작하면서 노스탈직 패션이 정착하기 시작했다. 이 스타일은 옛 것에 대한 향수에 디자인 발상의 기초를 두고 로맨틱한 경향을 보이고 있다.

(33) 플랫 룩 Flat Look

여성의 특징인 풍만한 가슴과 가는 허리를 강조하는 것이 아니라 가슴을 평평하게 하여 평탄한 느낌을 주고 전체적으로 느슨함을 주어 몸통도 거의 조이지 않는 직선적 느낌을 강조하는 스타일이 특징이다.

(34) 집시 룩 Gypsy Look

인도 북서부에서 발생하여, 포장마차를 집으로 삼아 유럽 각지를 방랑하며 악사, 땜장이, 점쟁이 등의 일로 살아가는 유랑 민족의 의복에서 영향을 받은 디자인이다. 특징은 프릴 장식이 붙은 개더(Gather)나 플레어(Flare) 등을 풍성하게 잡은 스커트와 페전트(Peasant)나 숄을 걸치고 스카프를 쓰고 커다란 귀걸이를 하고 있다.

노스탈직 룩

플랫 룩

집시 룩

(35) 뉴 룩 New Look

크리스티안 디올이 발표한 스타일로, 제2차 세계대전 중에 넓은 어깨, 타이트 스커트로 된 군복모양의 여성의상에서 탈피하여 여성다움을 강조한 스타일로, 상반신은 부드러운 곡선의 어깨선으로 몸에 꼭 맞게 하고, 허리도 가늘게 강조하였으나 허리 아래는 반대로 넓게 벌려 놓은 롱 플레어 스커트 스타일(Long Flare Skirt Style)이다.

(36) 샤넬 룩 Chanel Look

여성 디자이너 가브리엘 샤넬이 디자인한 것으로 샤넬 슈트와 카디건 슈트, 롱 토르소 재킷과 짧은 스커트의 코디네이터가 특징이다. 감각적으로는 남성적인 분위기의 표현이라 할 수 있으며, 실루엣이 직선적이고 입기 편하고 단순한 스타일이다.

(37) 배기 룩 Baggy Look

자루처럼 헐렁한 스타일로 허리와 바지자락을 주름이나 개더로 졸라매고 그 밖의 부분은 풍성하게 살린 팬츠에 자연적인 어깨선을 강조한 기모노 슬리브나 돌먼 슬리브, 옆선을 직선으로 재단한 빅 실루엣 셔츠나 재킷 등으로 코디네이터 시키고 있다.

뉴 룩

샤넬 룩

배기 룩

(38) 스웨터 룩 Sweater Look

스웨터와 같은 느낌을 주는 옷차림으로 편물을 부분적으로 활용하기도 하며 저지(Jersey)와 같은 옷감을 사용한다. 터틀 네크 라인, 라운드 네크 라인 등으로 디자인된 스웨터풍의 스타일을 말한다.

(39) 빅 룩 Big Look

빅은 「크다」는 의미로, 사이즈의 크기, 또는 개더, 주름, 플레어 등을 많이 잡아 여유 있고 헐렁헐렁하게 한 느낌의 옷차림을 가리킨다.

스웨터 룩　　빅 룩

CHAPTER

03

컬러 코디네이션

CHAPTER 3 컬러 코디네이션 Color Coordination

색상의 짜 맞춤으로 배색 테크닉을 가리킨다. 이를테면 농담(Light and Shade)으로 통일한 동일 색상에 따른 쉬크한 코디네이션, 이와 반대로 서로 다른 색상을 매치시켜 배색 효과를 올린 개성적인 코디네이션 등을 말한다.

어떤 색채 속에 다른 색을 포인트로 하여 더욱 돋보이게 함으로서 전체에 통일감을 살린 액센트 컬러 코디네이션도 포함된다. 컬러 배색은 일정한 룰이 존재하기 어렵지만 기본적인 색의 배색 방법은 크게 정리와 두드러짐으로 나눌 수 있다. 정리 개념의 배색처리는 안정되고 온화한 이미지뿐 아니라 고상하고 세련된 이미지다. 두드러짐의 배색처리는 동적이고 활력적이며, 강하고 생생한 이미지를 연출할 때 잘 어울리는 배색이다.

컬러 코디네이션은 배색의 원리도 중요하지만 그 해의 유행색에 따라서 크게 좌우된다. 따라서 다만 색이 갖고 있는 고유의 인상을 통해서 그때 Coordination의 감각에 맞도록 어필시켜 나가는 방법밖에 없다. 색의 가짓수가 많음에도 불구하고 조화있게 연출하는 사람일수록 대단한 감각을 가졌다고 할 수 있다. 너무 어렵다고 생각하지 말고 기본적인 컬러 코디의 이론을 참고로 알아두면 색에 대해 어느정도 자신감이 생길 것이라 믿으며 기본적인 컬러 코디네이션 방법을 알아본다.

1. 하모니 컬러 코디네이션
Harmony Color Coordination

정리 개념의 배색으로 어느 누구나 가장 쉽게 사용할 수 있는 방법으로 우아하고 품위 있는 차분한 인상을 주는 대신 지루한 감을 줄 수도 있다.

예를 들면 감색과 하늘색, 베이지색과 밤색, 연두색과 녹색, 청보라색과 청색 등의 비슷한 색상끼리 서로 매치시키는 것으로 생각보다는 큰 변화를 주기 어렵기 때문에 악센트 컬러의 액세서리나 소품으로 포인트를 살펴주면 좋다.

하모니 컬러 코디네이션

2. 그러데이션 컬러 코디네이션

Gradation Color Coordination

많은 색을 질서정연한 느낌으로 자연스럽게 배열한 정리 개념의 배색이다. 흰색, 회색, 짙은 회색, 검정과 같은 무채색과 아이보리, 갈색, 낙타색, 짙은 갈색들의 조화는 전형적인 그러데이션 코디법으로 옷의 디자인이 단순해도 색들의 느낌 때문에 약동감과 리듬감을 주어 지루한 느낌이 들지 않는다.

하모니 컬러 코디와 그러데이션 컬러 코디는 색상의 배색에 자신이 없어도 쉽게 연출하여 세련된 이미지를 줄 수 있어서 좋다.

그러데이션 컬러 코디네이션

3. 콘트라스트 컬러 코디네이션

Contrast Color Coordination

두드러진 개념의 배색이어서 평소에 색 감각에 자신이 없는 사람은 시도하지 않은 것이 안전하다. 서로 보색 관계의 색을 조화시키는 것으로 베네통 스타일의 색상을 떠올리면 이해하기 쉽다. 사용하는 보색은 두세 가지 정도만 제한하는 것이 좋고 가장 쉽게 사용할 수 있는 몇 가지의 배색을 소개하면 빨강과 검정, 빨강과 초록, 보라와 초록, 크림색과 감색은 클래식한 컬러 코디로 싫증 나지 않는 컬러 아이템이다.

콘트라스트 컬러 코디네이션

4. 세퍼레이션 컬러 코디네이션

Separation Color Coordination

여러 가지 다양한 색상으로 배색된 의상을 선택했을 경우에 이들이 가지고 있는 다양한 색중에서 한 가지 색을 이용하여 상의와 하의로 코디네이션 하는 방법으로 다양한 색깔의 산만한 이미지를 정돈시켜 주는 배색 방법을 말한다.

즉 유채색의 배색 사이에 무채색을 삽입하여 색채 느낌에 균형을 주고 유채색의 강렬한 인상을 완화시켜 주는 것을 말한다. 반드시 무채색으로만 세퍼레이션시키는 것이 아니고 같은 유채색으로 그러데이션 효과가 잘 어울려 사용하면 매력적이고 세련된 이미지를 연출할 수 있다.

세퍼레이션 컬러 코디네이션

5. 엑센트 컬러 코디네이션

Accent Color Coordination

비슷한 색끼리 밋밋하게 코디네이트를 한데다 악센트 컬러를 하나 더해 주어서 생기와 포인트를 주는 컬러 코디법이다. 물론 두드러진 개념의 배색이다. 무채색인 연한 회색, 진한 회색, 검정으로 매치해서 입으면 너무 지루하고 딱딱하다. 여기에 엑센트 컬러인 빨강 코사지 스카프로 포인트를 주면 금세 산뜻하고 세련미가 풍겨 나온다.

엑센트 컬러 코디네이션

chapter 03
Worksheet

▪ 컬러 코디네이션에 적합한 이미지 사진을 부착하시오.

1. 하모니 코디네이션

사진

2. 그러데이션 컬러 코디네이션

사진

3. 콘트라스트 컬러 코디네이션

사진

4. 세퍼레이션 컬러 코디네이션

사진

5. 엑센트 컬러 코디네이션

사진

CHAPTER

04

체형 코디네이션

CHAPTER 4 체형 코디네이션 Body Coordination

1. 체형의 개념

체형은 개인의 신체적인 구조와 형태를 나타내는 특성으로 해부학상 '개인의 형태적 구조를 결정하는 기본적 성분의 성격'이라 정의되고 있다. 체형은 성·연령·인종·지역·직업에 따라 다르며, 동일의 성·연령이라 하더라도 차이가 있다. 유전적 소인, 체질, 영양, 질병 등과 같은 개인의 특성이 사회적 환경과의 상호 작용에 의해 형성된 신체의 형태적 특성이며, 체형은 성별, 출생순위, 부모의 체격 등과 같은 유전적인 요인과 기후, 풍토, 생활양식, 영양 섭취, 육체 활동 등의 환경적 요인, 그리고 사회·경제적인 상황 또는 심리적 요인 등에 의해 종합적으로 형성된다.

인체는 인체 측정학(Anthropometry)의 측면에서 보면 높이항목, 길이항목, 둘레항목, 두께항목, 너비항목 등의 다양한 항목에 의하여 형성된 곡면체이다. 인체의 몸통 부위에는 가장 깊은 곳에 내장이 있고 가슴우리(흉곽)가 내장을 보호하고 있으며, 팔다리 부위에는 가장 깊은 곳에 골격이 있고 그 위를 근육과 피하지방과 피부로 덮여서 외형을 이루고 있다. 주로 골격, 근육, 피하지방, 피부에 의하여 만들어진 인체의 외형을 체형(Body Type, Somatotype)이라고 한다. 체형은 인간이 살고 있는 자연환경이나 사회 환경, 인종간, 남녀간, 성장 발달 과정이나 연령에 따라 차이가 생기며, 같은 지역이라고 할지라도 시대에 따라 차이가 있다. 개인에 있어서 체형의 차이는 개인의 골격 크기, 근육의 발달 정도 및 피하지방의 분포와 양에 따라 현저하게 차이가 생기는데 이것은 유전적인 현상과 영양 상태에 좌우된다. 골격은 유전적인 요소와 성장기의 영양 상태에 따라 발달 정도로 다르다.

체형을 나누는 기준은 단순하게 시각적으로 보이는 것뿐만 아니라 과학적인 측정 방법을 통해 제시된다. 일반적으로 시각적으로 보이는 것은 부피에 의존하는 것으로써 근육량, 체지방 등을 과학적으로 분석하지 않고 "마르다" 또는 "뚱뚱하다" 등과 같이 개인의 주관적인 시각에 의존해 구분하는 것을 말한다. 한편 과학적인 분석 방법을 통하여 구분하는 방법은 다양하게 제시될 수 있다. 피하지방 두께 측정법, 체지방량 측정법, 체질량 지수(BMI: Body Mass Index)를 들 수 있으며, 대중적으로 가장 손쉽게 쓰이는 방법으로는 BMI 지수라 할 수 있다. BMI 지수는 신장을 제곱하여 체중으로 나눈 값으로 저체중, 정상, 과체중, 비만으로 구분된다.

2. 체형 유형

미적 표현 대상으로 인체에 대한 탐구는 인간의 형태와 존재를 유형화하려는 우주의 질서원리이다. 완벽한 신체비례를 가진 사람은 거의 없으며 목표로서만 존재하는 것이므로 인체의 이상형은 각 시대마다 인체를 재구성하게 하고 그 시대의 패션으로 표현되며 복식을 이용하여 효과적으로 활용함으로서 그 이상형에 도달할 수 있다. 옷은 이상적인 인체 위에 표현되었을 때 가장 효과적이다.

기본적인 인체구조는 시대에 상관없이 일정하지만 인체의 이상형은 시대적 상황에 따라 변화되었으며 시대에 따른 인체의 이상형에 접근하기 위해 허리, 엉덩이, 가슴, 발 등을 인위적으로 죄거나 구속하였고 다이어트와 운동 등 실제적인 방법으로 그 시대 미의 이상형을 추구할 수 있었다. 이상형은 아름다운 체형, 아름다운 의복, 인체와 의복간의 아름다운 관계에 대한 이상으로서 나타낼 수 있으며 특히 특정한 체형과 룩은 인기 있는 것이 되어서 대부분의 여성은 미의 이상형에 가까워지기 위해 인체를 재구성하고 이상적인 자세와 제스처를 사용한다.

모든 사람의 체형은 신체크기, 구조, 비례, 몸무게, 근육, 체중분포, 자세에 따라 곡선이 있는 부위와 곡선의 각도가 달라지므로 그 형태는 매우 다양하다. 따라서 여러 가지 체형 유형과 체형을 아름답게 만들기 위한 코디네이션은 다음과 같다. 먼저, 여러 가지 다양한 체형을 크게 구분지어 살펴보면 이상적인 체형, 삼각형 체형, 역삼각형 체형, 직사각형 체형, 다이아몬드 체형, 모래시계형 체형, 유아형 체형, 둥근형 체형이 있다.

1) 이상적인 체형

이상적인 체형은 중간 정도의 가슴, 가는 허리, 납작하거나 약간 곡선을 이루는 복부, 적당하게 곡선을 이루고 있는 엉덩이 선과 가는 넓적다리를 가지고 있으며, 어깨와 엉덩이 폭이 비슷하다. 일반적으로 가슴과 엉덩이 치수는 거의 같고 허리는 가슴 및 엉덩이 치수보다 약 25 cm 정도 가늘다.

① 약간 마른 듯한 날씬한 체형과 달걀형의 얼굴
② 넓지 않고 처지지 않는 어깨
③ 길고 가느다란 목
④ 가느다란 팔과 팔목
⑤ 길고 가느다란 다리
⑥ 균형 잡힌 바스트, 웨스트, 힙
⑦ 흐트러짐 없는 자세

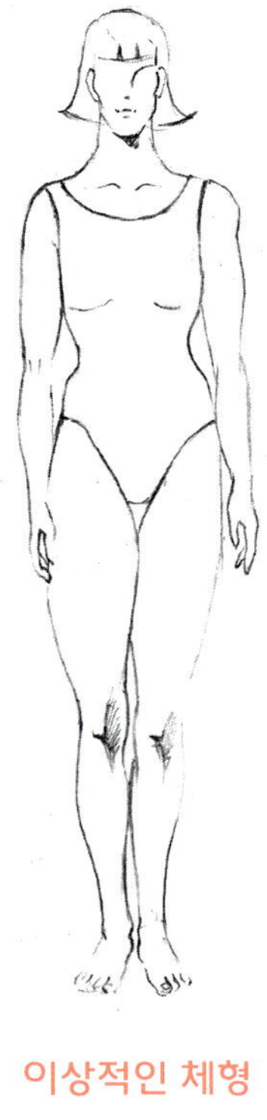

이상적인 체형

또 이 체형은 과장된 부분이 없이 균형이 잘 잡혀 있다. 각 시대나 문화권마다 아름답다고 생각하는 이상적인 체형이 있다. 현대의 이상적인 체형은 키가 크고 마른 형으로 패션 모델의 체형이 전형적인 이상적 체형이라고 볼 수 있다. 그러나 이상적인 체형을 가진 사람은 극소수이며 어느 부위든지 자신의 체형에 대하여 불만을 가지고 있어 이 때문에 고민하는 사람은 의외로 많다. 따라서 균형 잡히고 잘 비례된 외관을 얻기 위하여 각자 자신의 체형 비례가 평균치나 이상적인 치수와 어떻게 비교되는지를 알 필요가 있다.

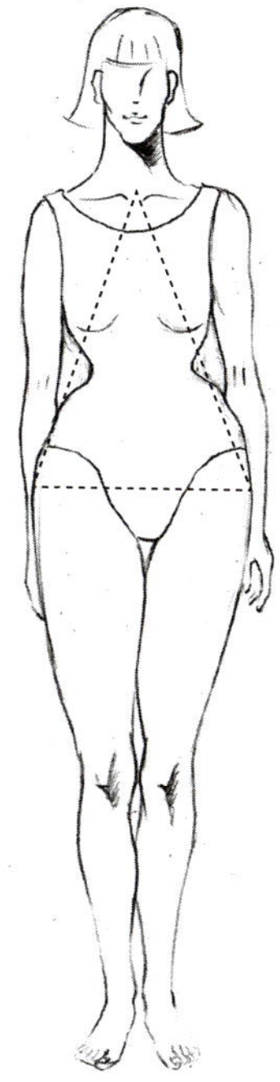

삼각형 체형

2) 삼각형 체형

삼각형 체형은 전통적인 한국인의 체형으로 볼 수 있는데 허리 위는 좁아 보이고 허리 아래는 넓어 보이며 엉덩이 아래와 넓적다리에 지방이 집중되어 있기 때문에 이 체형은 위에서 아래까지 균형 잡히지 않은 것처럼 보인다. 가슴은 작거나 중간 정도이고 허리는 가늘거나 중간 정도이다. 엉덩이는 둥글고 넓으며 넓적다리는 대개 살이 많다.

삼각형 체형을 돋보이게 하는 스타일을 만들자면 어깨, 소매, 몸통과 복부, 엉덩이, 허벅지를 여유 있게 흘러내리고 위장해 주는 느슨한 의복이어야 한다.

라인은 아래 몸통으로부터 시선을 멀리 이끌어 내는 것이 중요하다. 따라서 넓은 어깨, 어깨 패드, 풍만한 소매, 넓은 목선, 열린 칼라, 어깨 요크와 허리까지 오는 상의가 윗몸을 만들어 준다. 큰 힙을 커버한다고 타이트한 스커트를 착용하는 것은 좋지 않다. A라인, 플레어 그리고 직선으로 매달린 던들 또는 플리트 스커트를 약간 여유 있게 착용하도록 한다.

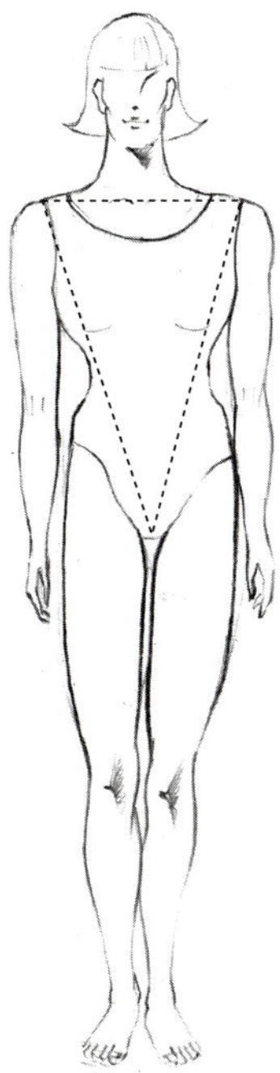

역삼각형 체형

3) 역삼각형 체형

역삼각형 체형은 허리선 위는 넓어 보이고, 허리선 아래는 좁아 보인다. 어깨, 윗등 그리고 가슴이 확장되어 있어 균형이 잡히지 않은 것처럼 보인다. 어깨는 엉덩이보다 넓고 가슴은 중간정도이거나 크며, 허리는 중간 정도이거나 굵다. 가슴둘레는 엉덩이보다 약 2.5 cm 이상의 치수를 가진다. 엉덩이와 넓적다리는 일자로 곧으며 엉덩이는 대개 납작하다.

역삼각형 체형을 가장 돋보이게 하는 스타일은 치마나 바지를 입었을 때 허리 아래를 유연하고 넉넉하게 만들어야 하며, 상의는 어깨, 가슴, 등 그리고 몸통을 꼭 맞게 또는 여유 있게 흘러내려 위장해 준다.

이상적인 것은 시선을 아래로 이끌어 내어서 위 몸통에서 가장 넓거나 가장 큰 부분을 보지 않도록 하는 것이다. 따라서 치마나 바지를 입었을 때 플레어, 개더, 플리트의 방법으로 넉넉함을 이용하는 것이 좋은데, 이때 너무 부풀리지 않도록 한다. 넓은 어깨는 깊이 파인 목선을 활용하며 좁은 어깨는 패드를 이용하여 보완한다.

4) 직사각형 체형

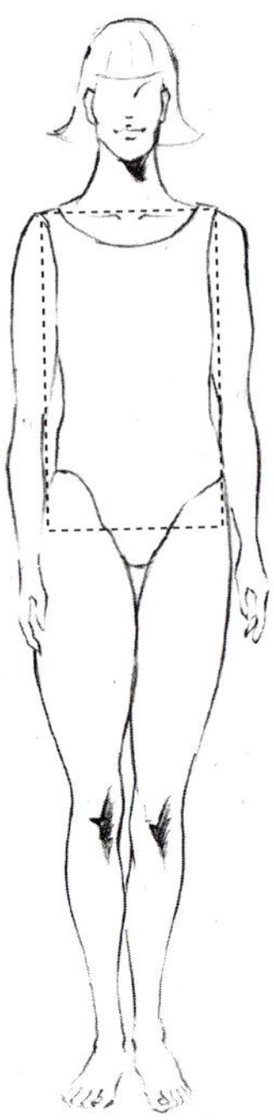

직사각형 체형

직사각형 체형은 어깨, 허리, 그리고 엉덩이가 거의 같은 폭을 가지고 있다. 이 체형은 위 아래로 균형이 잡혀 있지만, 허리가 눈에 띄도록 들어가 있지 않아서 굵어보이며, 가슴이나 엉덩이 크기보다 약 18cm 정도 작다. 허벅지는 일반적으로 엉덩이와 같은 폭이고, 가슴은 작거나 중간 정도이다.

직사각형 체형을 가장 돋보이게 하는 스타일은 전체적으로 슬림한 것은 피하고 상, 하의 어느쪽에 볼륨을 강조하여 대조를 이루도록 한다. 허리 위 또는 허리 위와 아래를 느슨하게 만듦으로써 허리선이 들어가 보이게 하여 시선을 신체의 중앙으로 이끌도록 한다. 겹쳐 입는 스타일, 앞을 열어서 입는 재킷, 스웨터 그리고 조끼 등은 시선을 안쪽으로 이끌며 가는 수직선을 만들어 낸다.

5) 모래시계형 체형

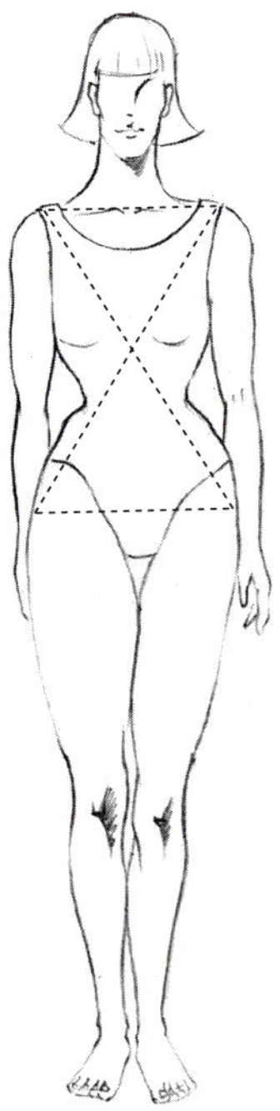

모래시계형 체형

모래시계형 체형은 가슴과 엉덩이가 똑같이 넓고 허리는 매우 가늘다. 모래시계형 체형은 위 아래로 균형이 잡혀 있지만, 매우 가는 허리 때문에 가슴과 엉덩이가 실제보다 더 크게 보여져 이상적인 체형이라 할 수 없다.

허리 치수는 가슴과 엉덩이 치수보다 약 28cm 정도 작다. 모래시계형 체형을 위해서는 완전히 둥근 가슴과 엉덩이 곡선 그리고 매우 가는 허리 사이의 차이를 시각적으로 줄여주며, 아주 약하게 가운데 신체 부분을 보충해 주고, 가슴과 엉덩이 부분은 느슨하게 처리한다. 모래시계형 체형을 돋보이게 하기 위해 폭이 넓은 벨트와 허리선에 스카프를 감는 것도 좋다.

6) 다이아몬드형 체형

다이아몬드형 체형은 중심선을 기준으로 할 때 좁은 어깨, 굵은 허리, 가는 다리가 특징이다. 지방은 몸통, 허리 복부에 집중되어 있다. 다이아몬드형 체형은 중앙의 신체 부분의 넓이 또는 체중을 균형 잡아주기 위해, 허리 위·아래에 매우 여유 있는 스타일로 자연스럽게 흘러내리도록 하는 것이 좋다.

의복에서 어깨선을 확장하고 전체 몸통을 감싸서 위장하기 위해 아래로 직선으로 떨어지게 할 수 있는 긴 셔츠, 오버블라우스, 재킷, 텐트 실루엣 등이 좋다. 엉덩이 주위가 타이트한 스커트나 팬츠는 피하도록 한다. 가볍거나 중간 정도 무게의 겹쳐입는 의복과 길고 느슨한 스타일이 바람직하다.

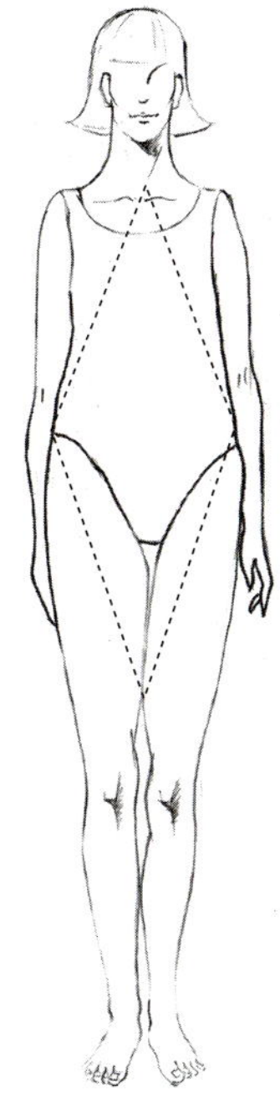

다이아몬드형 체형

7) 유아형 체형

유아형 체형은 직사각형 체형과 비슷하며, 체중이 대체로 평균 이하이기 때문에 날씬해 보이고, 위·아래로 일직선이다. 마른 체형으로 어깨와 엉덩이가 좁고, 가슴과 허리는 작으며, 팔과 다리는 가늘다.

유아형 체형은 약간의 곡선을 이루고, 느슨한 형태로 디자인된 의복이 적당하다. 약간 느슨하게 맞는 상의는 모든 체형 유형을 돋보이게 한다. 시선을 얼굴 위쪽으로 향하게 이끄는 디자인 선과 장식들은 이러한 체형에 적당하다.

밝은 컬러, 뻣뻣하거나 두꺼운 천을 사용하는 것이 좋다. 어깨 위 부분에는 상침, 파이핑 장식 그리고 대조색으로 좋은 효과를 낼 수 있다. 일반적으로 작은 무늬를 사용하며 약간 여유가 있는 실루엣을 이용함으로서 샤프한 이미지에서 귀여운 이미지까지 폭 넓게 표현할 수 있다.

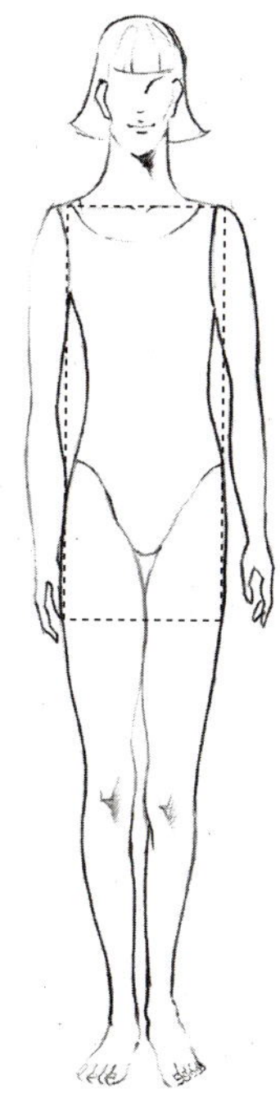

유아형 체형

8) 둥근형 체형

둥근체형은 서구인에게서 쉽게 찾아 볼 수 있다. 신체 모든 부분이 완전히 둥근 모양을 가진 체형으로 체중은 눈에 띌 정도로 무겁다. 전체적으로 몸에 살이 많은 체형으로, 등과 위팔은 크고 둥글며 가슴, 몸통, 허리, 복부, 엉덩이, 윗다리도 크고 둥글다.

둥근 체형을 돋보이게 하기 위해서는 직선이나 각을 강조하거나 시선을 얼굴로 이끄는 선의 사용이 좋다. 대담한 프린트 무늬나 큰 체크 무늬 등도 소화시킬 수 있는 타입이지만 빳빳한 소재나 두꺼운 소재는 몸을 굵어 보이게 하므로 피하는 것이 좋다. 상·하의의 색상이 대조를 이루게 하고 상의의 앞을 열어서 입는 두겹 재킷은 직선을 이끌어 내므로 좋은 코디네이션을 이룬다. 실루엣은 체형에 너무 타이트한 것은 피하며, 둥근 목둘레 선이나 금장식 등이 있는 칼라의 사용은 피한다.

어깨 패드의 사용 역시 둥근 어깨와 굵은 팔의 모양을 두드러져 보이게 하고, 부풀린 소매는 굵은 팔을 강조하므로 피하여야 한다. 액세서리는 여기 저기 사용하지 않고, 한군데에 강한 액센트를 준다.

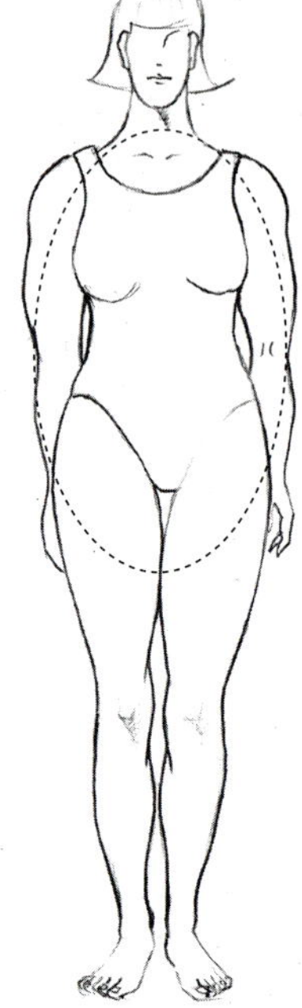

둥근형 체형

일반적으로 자신의 체형 유형을 아는 것은 의복을 보다 쉽게 선택하게 한다. 체중이 변화되어서 둥글거나 관 모양의 체형으로 되었다고 해도 그 사람만이 가지고 있는 특징적인 체중 분포는 여전히 남아 있다.

따라서, 사람의 체형은 각양 각색이며 본인이 느끼고 있는 체형의 결점은 무한한 변수를 가지고 있어 사람마다 그 정도와 부위가 다르다. 거울을 보면서 가장 이상적인 체형 스타일이 이루어지도록 노력하는 일도 이런 기초적인 지식을 응용한다면 보다 효과적으로 이루어질 것으로 보인다.

chapter 04

Worksheet

▪ 체형별 유형 사례를 찾아 베스트 스타일링과 워스트 스타일링을 만드시오.

1. 삼각형 체형

사진	사진	사진
	Best	Worst

2. 역삼각형 체형

사진	사진	사진
	Best	Worst

3. 직사각형 체형

사진

사진

Best

사진

Worst

4. 모래시계형 체형

사진

사진

Best

사진

Worst

5. 다이아몬드형 체형

사진

사진

Best

사진

Worst

6. 유아형 체형

사진

사진

Best

사진

Worst

7. 둥근형 체형

사진

사진

Best

사진

Worst

▪ 셀프 체형분석

1. 신체 사이즈

- 키
- 가슴둘레
- 허리둘레
- 엉덩이둘레
- 머리색
- 눈동자색
- 피부색

전체사진

사진

2. 체형분석

장점 :

단점 :

3. 자신의 체형의 단점을 보완한 스타일 작성
(현재의 모습과 미래의 모습)

스타일 (전)

스타일
(후)

CHAPTER

05

이미지에 따른 코디네이션

1. 내츄럴리즘 Naturalism
2. 로맨틱 Romantic
3. 매니시 Mannish
4. 모던 Modern
5. 소피스티케이티드 Sophisticated
6. 액티브 Active
7. 에스닉 Ethnic
8. 엘레강스 Elegance
9. 컨트리 Country
10. 클래식 Classic
11. 그로테스크 Grotesque
12. 퓨어 Pure
13. 퓨쳐리스틱 Futuristic
14. 미니멀 Minimal

· Worksheet

CHAPTER 5

이미지에 따른 코디네이션

오늘날 다양화된 패션 감각은 상품으로 만들어져 패션 시장에 제공되고 있다. 이렇게 매 계절마다 여러 가지의 패션 감각을 정리하여 패션의 일반적인 방향을 제시하는 것을 트렌드(Trend)라고 한다. 이는 실질적으로 아름다움에 대한 동경과 밀접한 관련을 맺고 있어 외적인 것이 아닌 내적인 소망을 반영한 것이다. 따라서 대부분의 여성들은 매 시즌 발표되는 트렌드에 민감한 반응을 보이며 그들의 내면적 욕구를 자극하고 충족시킨다.

근래의 패션 경향은 가공하지 않은 천연 소재를 사용하여 자연미를 강조하는 내추럴리즘 이미지, 부드러운 감각의 소녀적 이미지를 표현하는 로맨틱 이미지, 여성복을 응용하여 강한 자립심과 중후한 느낌을 나타내는 매니시 이미지, 미래를 동경하는 지적인 여성을 표현하기 위해 기묘한 디자인과 강하게 대비되는 배색을 사용하는 모던 이미지, 전문직에 종사하는 여성들의 도시적인 세련미를 나타내는 소피스티케이티드 이미지, 기능성을 중시한 단순한 디자인에 밝고 선명한 색상으로 활동적인 이미지를 표현하는 액티브 이미지, 과거에 대한 회상과 소박한 향수로서 민속의상의 특색과 스타일을 소박한 여성다움으로 표현하는 에스닉 이미지, 품위 있고 우아하며 여성적인 아름다움을 페미닌 룩으로 창출하는 엘레강스 이미지, 자연을 존중하는 청순한 이미지를 감성적으로 표현하는 컨트리 이미지, 시대를 초월하는 가치와 보편성을 지닌 고전적이고 전통적인 멋을 나타내는 클래식 이미지로 크게 구분되고 있다.

1. 내츄럴리즘 Naturalism

내츄럴(Natural)은 「자연의·천연의·가공하지 않는·보통의」를 의미하는 용어로 인간 본래 체형을 거슬리지 않고 변형이나 과장을 피한 실루엣으로, 소재 또한 가공되지 않은 천연 소재를 사용하여 자연미를 강조하는 패션이다. 이 패션은 생태계를 보호하고자 하는 사회 인식의 변화에서 시작된 패션으로 자연스러운 멋을 내기 위한 실루엣이나 천연 소재를 사용함으로써 클래식 감각의 신선한 여성미를 나타내고자 하는 것이 특징이다.

내츄럴리즘의 패션은 믹스 매치로 표현되는 팬츠 위에 사롱 스커트를 입거나, 스커트 또는 팬츠 위에 롱 재킷이나 롱 베스트를 조화시켜 입음으로써 자연스러움을 표현한 디자인들이 주를 이룬다. 1990년에 들어 내츄럴리즘 이미지를 표현한 대표적 디자이너로는 콤플리세(Complice)를 들 수 있다.

1) 에콜로지 Ecology

본래는 자연 환경을 연구하는 '생태학'이란 뜻으로, 자연회귀 운동과 함께 나타난 용어이다. 패션에서의 에콜로지는 급속한 문명의 발달과 자연파괴로 오염된 현재의 환경을 거부하고, 자연으로의 회기 욕구와 환경보존운동의 일환으로, 자연을 찬미하여 동화되고자 하는 경향을 표현한다. 따라서 자연 속에서 살아가고자 하는 소망을 표현한다. 따라서 자연스런 멋을 부각시키기 위해 천연섬유를 선택하고, 천연염료로 염색된 소재를 사용하여 소박함과 편안함을 동시에 추구하였다.

1990년대의 에콜로지 패션은 풀이나 갈대·새둥지·새·조개·바닷가 등의 자연물에서 영감을 얻은 소재들로 도회적이기보다는 목가적이고 때로는 원시적인 느낌을 주는 표현의 패션이다. 1994년 에콜로지 패션은 자원 재활용의 리사이클(Recycle) 운동과 함께 계속적으로 유행하고 있다.

2) 프리미티브 Primitive

문명이 고도로 발달된 도시 생활에 염증을 느껴 자연이나 원시로 돌아가고 싶은 욕망에서 나타난 패션을 프리미티브라 부른다. 프리미티브는 「원시적인·유치한·소박한」이라는 의미로 찢거나 비틀거나, 둘둘 말아서 만든 새로운 취향의 감각이다. 현대 패션에 대한 부정적 의미로서 낯선 의복구조를 구상한 의도적인 자연스러움을 이끌어 내고 있다. 또 기계적인 매끄러움이 배제된 살아있는 느낌의 소재가 사용되어 인간적인 맛을 느끼게 한다.

1970년대 후반의 민속풍의 에스닉 패션이나 실 올이 보이도록 엉성하게 엮어서 짠 직에 이집트의 상형문자와 잉카의 문양을 즐겨 사용한 1990년 초의 패션들이 원시에 대한 동경에서 나타난 프리미티브 패션이라고 볼 수 있다. 이 이미지의 원천은 미개화 지역의 저개발국가들로 열대지방이 대부분을 차지한다.

주로 옷의 기본구조를 무시한 원시적 형태의 신체 노출 의상과 원주민들의 토속적인 장신구, 그리고 낡고 퇴색한 듯한 자연 색상(메마른, 적박한, 황토의 색, 사막의 색, 쇠붙이의 색 등)의 사용으로 인해 원시에 대한 향수를 불러일으키고 있다. 20세기에 이르러 파블로 피카소, 폴 고갱 등은 아시아, 아프리카, 남미 등의 원시적인 모티브에서 영감을 받아 작품을 예술적으로 추상화시켰으며, 그들이 추상화시킨 작품은 현대의 디자이너들에 의해 옷감의 무늬 등에 응용되고 있다.

2. 로맨틱 Romantic

로맨틱이란 '공상적', '소설 같다', '비현실적'이라는 의미로서 꿈을 쫓는 듯한 여성스런 분위기로서 귀엽고 사랑스러우며 소녀적인 느낌의 패션을 말한다. 기능성보다는 장식적인 요소가 강한 것이 특징이며, 소재는 주로 부드러운 질감의 꽃무늬와 민속풍의 기하학적 무늬를 사용하며, 색상에 있어서도 화려하고 산뜻한 색상과 열대지방의 감미로운 자연 색조를 사용한다.

이러한 디자인에 프릴이나 레이스 장식, 리본 등 부드러운 감각으로 표현된 장식적인 디테일을 사용함으로써, 소녀적 취향을 느끼게 한다. 언더스커트, 페티코트, 리본, 코사지, 깃털 등의 장식을 활용하면, 귀엽고 깜찍한 이미지를 연출할 수 있다. 전체적인 색채의 느낌은 가볍고 부드러운 분홍색, 노란색, 보라색, 화이트 색 계통의 페일톤을 중심으로 배색하면 효과적이다.

대표적 로맨틱 룩에는 1960년대의 히피 스타일과 1970년대의 잔드라 로즈, 존 베이츠, 빌 깁 등이 아플리케, 시퀸, 비즈 등의 디테일을 사용하여 표현한 로맨틱한 의상이 있다. 또한 1980년대 초 비비안 웨스트 우드, 랄프 로렌, 페리 엘리스 등이 면직물의 프린트 무늬 의상과 손뜨개로 짠 스웨터와 카디건으로 로맨틱한 분위기를 연출하였다.

다가오는 새 천년을 맞이하는 1999년대 패션이미지는 로맨틱과 사이버를 혼합한 사이버 로맨틱의 강세로서 재질은 사이버를 지향하고 색조는 로맨틱 무드를 연출하여 미래를 맞이하는 부푼기대와 희망을 표현하고 있다. 로맨틱한 이미지에는 노스탤직, 미네트, 이너슨트, 판타스틱의 패션이 포함된다.

1) 노스탤직 Nostalgic

옛 것에 대한 향수를 자아내는 이국적인 로맨틱 경향의 패션을 노스탤직이라 부른다. 주로 토속적인 민속의상의 스타일이나 장식적인 경향으로 수공예 등이 현대의 디자인에 가미되어 유행하는 것을 말하기도 한다. 반복되는 일상생활속에서 결핍되어 채워지지 않는 욕구를 표현하고자 하는 패션이다. 1920년대, 1930년대, 1940년대, 1950년대 등의 패션을 현대적으로 재현하려는 경향이다.

열대밀림의 정글 그림, 카키 등과 부드러운 대지 색상, 미드다크 컬러, 잉카와 같은 남미 고대문명에서 느껴지는 중간톤의 화려한 자연색상들, 밀림의 숲에서 태양 빛을 받아 반짝이는 초목의 색들이 노스텔직의 이국적인 향수를 표현한다.

2) 이너슨트 Innocent

청순함과 티없는 청초함을 느끼게 하는 소녀적 패션을 이너슨트라 부른다. 주로 유행과 관계없이 얌전하고 청순한 여학생의 이미지로 20대 전후 여성에게 어울리는 패션이다. 비교적 보수적인 색채가 덜 가미되었으며, 스포티한 것보다는 로맨틱하며, 전원적이면서도 도시적 감각이 겸비되어 있다.

또한 고상하고 중후한 느낌보다는 젊고 밝은 인상을 중요시하여 슈트나 원피스보다는 블라우스나 스커트·점퍼 스커트 등으로 신선한 느낌을 준다. 이너슨트 룩은 전위적이고 과격한 유행 경향과 항상 공존하며 그 특유의 청초한 멋을 존재시키고 있다. 최근의 이너슨트는 참신한 멋을 강조하기 때문에 단정함보다는 발랄함을 중요시하면서 개성 있는 멋을 추구하고 있다.

3) 미네트 Minnett

미네트 원래의 의미는 "어린 고양이"이지만 파리패션에서는 새롭고 멋있는 것을 좋아하며 브랜드지향의 신흥 부르조아풍의 젊은 여성을 가리키며 가벼운 마음으로 골치아프게 생각하지 않고 생활을 즐기는 사람으로서 새롭고 멋있는 것이라면 적극적으로 수용하는 사람들의 패션을 의미한다. 즉, 미네트는 그들의 사고 방식과 같이 자신의 미의식에 자신감을 갖고 적극적으로 행동하는 청순하고 발랄한 이미지를 지닌 사람들의 패션이다.

적극적이며 활동적인 이미지의 미니스커트와 새롭고 멋있는 스타일을 지향하는 1990년대의 로맨틱한 히피룩, 로맨틱한, 사이버룩 등을 미네트의 대표적인 스타일이라 할 수 있다.

4) 판타지 Fantasy

디자인이나 색상이 환상적인 분위기를 표현하는 의상을 판타스틱이라 부른다. 주로 스타일보다는 색상의 배합이 중요시된다. 판타스틱한 패션은 실용적이고 현실적인 의상이라기보다는 일상생활에서 해방시켜줄 것 같은 환상적이고 공상적인 꿈과 같은 세계를 표현하는 의상이다. 현실적인 옷의 유행에 반발하여 나타나는 기분 좋은 옷의 욕구라 할 수 있다.

3. 매니시 Mannish

매니시는 남성풍 「남자와 같은 여성」이라는 의미로, 서구적 합리주의와 남성적인 행동력으로 표현되며 남성적인 특징이 강하고, 자립심이 강한 여성이 지니는 감성 이미지이다. 매니시의 근원은 남녀평등을 주장하기 시작한 시대상을 배경으로 한다. 여성이 남성의 복장을 착용하여 남성적 우월감을 감소시키고 남녀평등을 시도하려 했다. 그러나 현대의 매니시 감성은 클래식과 중후한 멋을 즐기려는 의도에서 다양한 감각으로 발전되고 있다.

1930년대의 여배우 디트리히의 판달롱 슈트가 매니시 스타일의 시초가 되고, 1967년 이브생로랑의 매니시룩 코트, 1975년 이후 유행한 쓰리 세트 슈트(Three Set Suit), 1980년대의 남성복풍 등도 이러한 매니시의 경향이며, 반대로 섬세한 액세서리를 코디네이트하여 역으로 강한 여성의 매력을 표현하게 하였다. 매니시 이미지에는 댄디(Dandy)와 머린(Marine) 그리고 밀리터리(Military) 분위기의 패션으로 분류한다.

1) 댄디 Dandy

댄디는 '멋쟁이 신사'라는 뜻으로 남성 성향의 여성 패션을 의미한다. 댄디는 남성복장을 그대로 여성화한다는 의미에서 매니시, 마스큘린과 같이 사용되기도 한다. 매니시도 댄디도 그 옷차림의 근본은 남성스타일을 흉내낸 것으로 의복을 입은 모습이 섹시해보이면 댄디감각이라고 할 수 있다. 댄디는 격식을 중요시하고, 멋내기에 신경을 쓰는 멋쟁이 신사의 예복 스타일에 가까운 패션으로 남성 취향의 클래식하고 중후한 멋을 갖고 있다.

디자인의 세심한 구성적 배려가 필요한 댄디는 완벽에 가까운 아름다움을 추구하는 사람들의 패션으로 최고급의 옷감과 값진 액세서리를 사용하며, 드레스 셔츠에 넥타이와 동일한 옷감의 슈트·베스트·코트를 사용하여 통일감을 줄 수 있도록 멋을 창출하고 있다.

1990년대 댄디의 무늬로는 신사복에서 많이 볼 수 있는 체크무늬, 가는 줄무늬가 사용되었으며, 색상은 엄격한 검정이나 짙은 회색, 짙은 파란색 계통이 주류를 이루고 있으며 흰색이나 빨간색, 에메랄드색으로 강조하여 댄디 이미지의 깔끔함을 더해준다.

2) 머린 Marine

머린은 '바다', '해군'을 의미하며, 해군 복장과 비슷한 스타일로서 바다, 선원, 해병, 어부 등 바다와 관계되는 모티브를 활용한 패션이다. 해군 사관생도가 입는 세일러 스타일을 비롯하여 수병, 수부, 선원, 선장 등의 제복을 패션화한 것이다. 세일러 룩, 네이비 룩, 미디 룩이라고도 부른다.

세일러 자켓, 세일러 팬츠, 요트탈 때의 복장 및 해변에서 입는 쇼트 팬츠, 보트네크라인 티셔츠, 피셔맨(Fisherman) 스웨터 등을 말한다. 여성 패션으로서의 머린은 세일러 칼라와 세일러 캡, 머린 베레, 해군 장교 스타일의 복장, 통이 넓은 바지, 그리고 바다를 연상시키는 스트라이프의 배합 등의 특징을 갖고 있다. 색상은 주로 흰색이나 네이비, 머린 블루(짙은 곤색) 등이 많이 쓰이고 소매끝이나 바짓단, 칼라의 끝부분에 하나 또는 두 줄의 선 장식이 많이 사용된다. 머린은 청순하고 밝은 이미지로서 경쾌함과 산뜻함을 느끼게 한다.

3) 밀리터리 Military

육군의 군복에서 영감을 얻어 디자인한 룩이다. 제2차 세계대전 중에 유행한 위엄있는 어깨와 짧은 스커트 등 기능위주의 실용적인 룩이다. 전체의 스타일이 직선적이고 기능적이며 활동적인 것이 특징이다.

디테일에 있어서도 패치 포켓, 견장, 아코디언 포켓 등을 사용하여 기능성을 높이며, 에폴레트, 엠블럼, 훈장 등을 많이 달아 군복의 이미지를 나타낸다. 그 위에도 벨트와 금속 단추, 군모, 군화 등을 밀리터리 룩의 이미지로 디자인에 함께 활용하고 있다.

대표적 디자이너는 피노 란체티로 1963년 밀리터리 룩 디자인을 플로렌스의 피티 팔레스 패션쇼에서 발표하였다. 그 이후 1977년 티에리 뮈글러, 클로드 몬타나, 지아니 베르사체와 콤플리세는 가죽과 개버딘을 소재로 넓은 어깨를 강조한 밀리터리 트렌치 코트를 발표하였다. 1990년대 걸프전의 영향으로 밀리터리룩이 새롭게 선보여 군화, 배낭, 멜빵 등의 소품과 카키색의 기본색조가 유행하였다.

4. 모던 Modern

모던은 '현대', '근대적' 이라는 의미를 가지고 있으며, 실험주의 성향과 색다른 것을 추구한다. 이미지는 날카롭고 차가운 느낌의 인상, 도시적이며 시크한 이미지, 치밀하면서 합리적인 이미지, 항상 미래를 동경하고, 지적인 여성이 되기를 소망하는 사람들의 현대적인 감각의 패션을 의미한다.

패션에서의 모던은 정신적인 풍요로움과 시각적인 즐거움을 줄 수 있는 디자인으로 지금까지 상식적으로 여겨지던 스타일과는 달리 새롭고 기묘한 디자인을 지적인 멋으로 승화시켜 표현하거나, 대비되는 강한 배색을 사용하여 현대적 이미지를 표현한 것을 지칭한다.

서구적이며 불필요한 데가 없는 산뜻한 디자인을 구사하며 하이테크적 감각이 돋보인다. 색채는 차가운 색, 도시적이며 이지적인 색, 기계적인 색, 청색이 가미된 색 등이 효과적이다. 소재 또한 단색중심으로 구성되며 전체적으로 독특한 구조가 돋보이는 감각 이미지이다. 모던 이미지에는 쉬르리얼리즘, 아방가르드 분위기가 포함된다.

1) 쉬르리얼리즘 Surrealism

쉬르리얼리즘 패션은 현실 속에 존재할 수 없는 모순된 양면성을 기발한 아이디어로 동시에 표현하는 것이 특징이다. 즉, 옷 속에 남녀가 하나로 결합된 웨딩드레스라든가, 검은 장갑을 낀 손으로 유방을 감싼 에로틱한 흔적의 표현 등이 초현실주의 디자인이다.

대표적인 디자이너는 1930년대의 엘사 스키아파렐리로서 그녀의 기상천외한 모티프와 대담한 선, 환상적이며 예술적인 색채 표현 등은 모두 초현실주의 회화에서 영향을 받은 것이다. 특히 니트와 조화시켜 표현되는 스웨터, 진홍색의 전갈을 수놓은 이브닝 드레스 등이 대표적이다. 그 외에도 1980년에 이브생로랑이 디자인한 파란색의 두 눈을 수놓은 재킷이 있다. 1986년에도 초현실주의적 의상 작품이 연이어 발표되었으며, 대표적인 디자인으로는 칼라거펠트의 의자 형태의 모자 디자인이 있다.

2) 아방가르드 Avant-Garde

아방가르드의 어원은 프랑스 군대 용어로서 '정예부대'라는 말이었으나 지금은 넓은 의미로 '전위적인'이란 뜻으로 통한다. 기성의 개념을 부정하고 전통을 배제하거나 파괴하기 위해 새로운 것을 창조한다는 실험적 성격이 짙은 전위예술을 아방가르드라 부른다.

패션에서 말하는 아방가르드 이미지는 대중성을 무시한 실험적 요소가 강한 디자인, 일반의 유행을 앞선 독창적이고 기묘한 디자인의 의복을 말하는데, 주로 형태, 색상, 디자인 등이 상식을 초월할 정도의 전위적인 것과 기능성이나 실용성이 무시된 작품성 위주로 디자인됨으로써 광적인 극소수 사람들의 욕구만 충족시켜 준다. 1963년 제프리 빈, 1970년대 캘빈 클라인, 1980년대 레이와 가와쿠보가 현대적인 감각의 아방가르드적 분위기로 여성 패션을 이끌어 나갔다. 대표적인 디자인으로는 장 폴 골티에의 디자인이 있다.

5. 소피스티케이티드 Sophisticated

원래는 「궤변을 부린다, 세파에 닳아빠지다」라는 의미이나 인공적으로 잘 다듬어진 세련미가 특징이며 도회적인 세련미의 어른스러운 분위기를 최고의 아름다움이라고 생각한다. 소피스티케이티드는 어른스런 감각과 도시적인 세련미를 가진 전문직 여성들의 패션 스타일이며, 어딘지 모르게 섹시하면서도 스마트함을 표현하는 패션을 의미한다. 소피스티케이티드 패션은 20대와 30대 여성들이 선호하는 감각으로서 지성미와 교양미를 여성 최대의 아름다움으로 표출시킨다.

심플함, 베이직함 등으로 커리어 우먼의 분위기를 한껏 살리며 우아한 표현 중에 빛나는 독창성, 지적인 인상, 감성미와 이성미의 조화를 이루는 세련성을 중요시한다. 소재, 봉제기술 등은 자연스럽도록 실루엣은 인체와 거리감이 있는 심플함이 돋보이도록 한다.

현재 활동 중인 디자이너 중에는 이브 생 로랑, 조르지오 아르마니, 캘빈 클라인 등이 소피스티케이티드 경향에 속하는 대표적 디자이너이다. 소피스티케이티드 이미지에는 스노브(Snob), 여피(Yuppie), 컨템퍼러리(Contemporary) 분위기의 패션이 포함된다.

1) 스노브 Snob

스노브는 '속물', '재물 숭배자'라는 뜻이지만 패션에서의 스노브는 타인과의 구별을 값비싼 의상을 입음으로써 나타내려는 자기 과시적인 사람을 말한다. 패션으로 표현될때는 캐주얼한 인상보다는 여성다운 인상을 주어야 하며 고급스러움과 고상한 품위 등으로 세련되게 보여야 한다. 또 의복이 세련되게 보이기보다는 그 의복을 입은 사람이 세련되게 보여야 한다.

스노브는 도시적인 세련된 취미를 추구하는 사람들의 패션으로서 이들은 수입의 대부분을 의상비로 지출하고 많은 시간을 자신의 외모를 가꾸는데 소비하며, 의상에서 액세서리에 이르기까지 최고급만을 고집하는 사람들이다. 따라서 스노브 그룹은 사치와 향락만을 추구하는 것 같으나 한편으로는 엘레강스와 댄디즘에 대한 동경, 지성과 새로움에 대한 추구 등으로 인생을 보다 아름답고 풍요롭게 살아가려고 노력하는 사람들이라고 평가되기도 한다.

2) 여피 Yuppie

Yuppie는 'Young Urban Professionals'의 약자로서 특히 뉴욕을 중심으로 한 도시근교의 25~45세 사이의 젊은 지식인과 사무직 노동자들을 가리킨다. 이들의 패션은 의복에서 구두·장신구·액세서리에 이르기까지 일류 브랜드 상품과 진짜 보석만을 선호하며, 전통적이고 보수적인 비즈니스 슈트가 대표적인 여피의 패션스타일이다. 남성과 대등한 책임 의식을 갖고 일을 수행하는 커리어우먼의 뉘앙스로 인생에 대한 목적의식이 뚜렷하며 자신이 하는 일에 대한 자부심과 긍지를 갖고 사는 여성들의 분위기를 최대한 살리며, 디자인은 단순함과 전통적임을 우선으로 한다.

3) 컨템퍼러리 Contemporary

새로운 가치관을 지닌 현대인에게 사용되는 패션스타일로서 주로 전문적인 직업을 가지고 있고, 경제적으로도 자립하여 패션 감각이 뛰어난 도회적인 현대 여성의 새로운 옷차림새를 말한다. 또한 가정주부일지라도 사회생활에 적극성을 보이며, 넓은 시야를 가지고 질 높은 생활 수준을 지향하는 새로운 감각을 지닌 여성의 패션도 컨템퍼러리 패션이라고 부른다.

밝은 회색, 회색, 검정색 등 고상한 품위를 살리는 세련된 색, 지성미를 자랑하는 도시감각의 색, 커리어우먼을 상징하는 단순한 색상을 선택한다. 대표적인 디자인으로는 1984년 엠포리에 아르마니가 디자인한 현대 감각의 테일러 슈트와 피에르 발망의 컨템퍼러리 룩을 들 수 있다.

6. 액티브 Active

액티브는 1960년대 미국을 중심으로 패션의 캐주얼화가 진행되면서 새로운 감각으로 자리 잡았으며, 밝고 활달한 사람들의 감성의 패션을 의미한다. 액티브 룩은 운동감을 이미지의 원천으로 하여 기능성을 중시한 단순한 디자인에서부터 건강과 레저를 위한 밝고 선명한 색상의 디자인에 이르기까지 활동적인 이미지를 패션으로 표현한 것을 말한다.

넓은 의미의 액티브 이미지에는 기능성을 중시하는 스포츠 웨어(골프복, 낚시복, 댄스복, 사냥복, 스케이팅복, 스키복, 승마복, 조깅복, 탁구복, 테니스복, 스윔 슈트 등), 컨트리 이미지의 웨스턴 스타일, 현대 미술사조의 팝 아트 등이 포함된다. 오늘날에는 액티브 이미지의 스포츠웨어가 평상복으로 널리 입혀지고 있는데, 고급 스포츠화와 함께 귀여운 그림이나 대담한 글씨가 쓰여 있는 T셔츠, 누빈 옷, 패션 진, 다운 파카, 배낭 가방 등이 크게 인기를 끌고 있다. 스마트하면서 건강하고 밝은 유쾌한 이미지가

색채 속에서 분사되며, 즐겁고 개방적인 색상 배열을 찾아볼 수 있어 여러 아이템으로 완성할 수 있다.

1) 팝 아트 Pop Art

팝 아트는 1960년대 미국에서 발달한 구상 회화의 한 경향으로 'Pop'은 'Popular'의 약자이며, 팝 아트 감각의 패션은 선명하고 강한 대비에 따른 배색이 주류를 이루며, 단순한 기하학적인 패턴과 인공적인 합성섬유 등을 소재로 사용하는 것이 특징이다.

1980년대는 1960년대의 팝 패션 감각을 현대적으로 재현시켜 실크 스크린의 기법으로 보다 만화적이고 세련된 감각으로 프린트하여 전위예술로서의 팝 패션을 시도하였다.

팝아트는 가볍게 획득하고, 쉽게 소모하는 인스턴트 문화, 계층이 존재하지 않는 대중문화, 대량생산에 의해 규격화된 문화, 심오한 철학보다는 쉽게 웃고 잊어버릴 수 있는 유머와 재치, 새롭고 파격적인 경험을 통해 생동감을 강조하는 청소년 문화 그리고 섹스의 매력을 중요시하는 성의 해방 등으로 특징지어지는 현대 젊은이들의 풍속도이다.

팝 이미지는 색채활용의 폭도 무한히 넓힐 수 있는데 배색의 법칙을 무시한 의외성의 배색이 많고 팝이 지향하는 외형적인 멋과 시각적인 돋보임을 살린 코디네이트 방법이 중요시되고 있다.

대표적인 디자이너로는 1960년대 말엽의 핑키와 다이안, 리베 고슈, 엘리오 피오루치, 잔드라 로즈 등을 들 수 있다. 특히 잔드라 로즈는 립스틱, 장난감 곰과 손 등 모티프로 디자인한 팝 아트 의상을 발표하여 주목을 끌었다. 대표적인 디자인으로는 카스텔바자크의 디자인이 있다.

2) 스포티 Sporty

활동성, 기능성, 편안함, 건강함을 연상하게 하는 이미지로, 스포티 이미지는 활동적이고 경쾌한 느낌을 전달하며, 운동과 활동적인 라이프스타일을 반영하는 스타일이다. 이 이미지는 편안하면서도 동시에 현대적이고 세련된 인상을 주며, 스포츠웨어와 일상적인 의상을 조화롭게 결합하여 차려입은 느낌을 강조한다. 강렬한 컬러, 다이내믹한 패턴, 기능성 소재 등이 특징이며, 운동의 편안함과 스타일의 동시 만족을 추구하는 모습이 돋보인다. 이러한 이미지는 활기찬 활동과 운동을 즐기며, 동시에 일상적인 모습에서도 활동적인 요소를 적절하게 표현하여 전반적인 경쾌하고 건강한 인상을 연출한다.

스포티 이미지는 주로 편안하면서도 세련된 룩을 추구한다. 스포츠웨어를 일상적인 의상과 자연스럽게 조화시켜 도시적이면서도 건강하고 활기찬 느낌을 연출하는 특징이 있다. 또한 운동화는 스포티 스타일의 중요한 부분이며, 다양한 종류의 운동화가 캐주얼한 의상에 매치되어 스포티한 느낌을 강조한다.

스포츠 액세서리도 이 스타일을 완성하는데 기여한다. 스포티 스타일은 레저와 활동적인 이미지를 강조하며 이는 스포츠 활동이나 야외 활동에 참여하는 모습을 연상시키는 스타일을 의미한다. 스포티 스타일은 일상적인 모습에 스포츠의 활동적인 요소를 더하면서, 건강하고 경쾌한 라이프 스타일을 반영하는 유행하는 스타일 중 하나이다.

7. 에스닉 Ethnic

에스닉은 '민간전승', '민속', '민속학', '인류학적' 등의 뜻을 가지며, 복식용어로는 각국에 전해오는 민속의상 그 자체와 농민복 등에 나타난 고유의 염색, 직물, 패턴, 자수, 액세서리 등에서 영감을 얻어 자연스럽고 소박한 느낌을 강조한 디자인을 말한다. 특히 종교적 의미가 가미된 토속적이며 소박한 느낌을 주는 패션이다. 에스닉 디자인에 영감을 준 대표적인 것으로는 중근동의 종교의상, 잉카의 기하학적인 문양, 인도네시아의 바틱, 인도의 사리 등이 있다. 에스닉풍의 시초는 20세기 초기의 푸아레의 동양풍 복식이며 20세기 후반에 와서는 문명의 혜택에서 벗어난 아프리카풍이 그 맥을 이어가고 있다. 1990년에는 다카다 겐조(Takada Kenzo)가 중국, 베트남, 러시아, 모로코, 아라비아의 민속의상을 에스닉 팬츠로 디자인하여 크게 유행시켰다. 에스닉 이미지에는 오리엔탈리즘(Orientalism), 이그조틱(Exotic), 트로피컬(Tropical), 포크로어(Folklore) 등이 있다.

1) 오리엔탈리즘 Orientalism

아시아의 민족적 의상을 가리키는 패션용어로서, 동양권의 중근동에서 극동에 이르는 광활한 지역의 민족의상을 말한다. 오리엔탈리즘 패션은 동방 제국, 즉 튀르키예·이집트·페르시아·인도 등 각 나라의 풍속을 나타낸 디자인을 모티프로 동양적 신비를 나타낸 것이다.

자카드(Jacguard) 효과가 나타난 직물, 빨강 색조, 검정과 흰색의 조화, 붓글씨, 늘어지는 모자와 두건, 허리를 두르는 랩 등의 동양적인 표현을 섬세하게 나탄낸다. 초기 오리엔탈리즘 패션은 1984년에 인도풍으로, 1988년에는 몽고풍으로 유행하였다. 1990년에는 영화 〈인도차이나〉의 상연 이후 동양에 대한 관심이 고조되어 중국풍 패션이 유행하였다. 특히 겐조의 오리엔탈 디자인과 화려한 색조가 각광을 받았다.

2) 이그조틱 Exotic

'이국풍', '이국 정서'라는 의미로서 낯설고 색다른 멋을 추구하는 감성 이미지를 이그조틱이라 부른다. 이그조틱은 과거에 대한 회상과 향수로서 민속의상의 특색과 스타일·장식 등을 선호하는 노스탤직에서 비롯되었으며, 일반적으로 민속적인 것을 소박하고 여성스럽게 표현하는 에스닉풍의 패션을 의미한다.

자극히 일상적인 도시의 무료함에서 벗어나 자연에 둘러싸여 소박한 분위기를 맛보고 신비의 이국정서로 정신의 풍요함을 추구하는 스타일이다. 이국정취와 더불어 민속풍 감각이 주목되며 독특한 니트와 프린트 무늬가 등장한다.

대표적 디자이너로는 조란(Zoran)과 메리 멕파든(Mary McFadden)이 있으며, 그들은 여행에서 영감을 얻어 이국적인 정서를 색감있게 표현한 디자인을 발표하였다. 이그조틱한 디자인은 1970년대와 1980년대 중엽에 크게 유행하였으며, 1994년에는 클로에(Chloe)에 의해 다시 유행하였다.

3) 트로피컬 Tropical

열대지방의 민속의상에서 영감을 얻어 디자인한 패션을 트로피컬이라 부른다. 타히티, 사모아 등의 남태평양 제도, 하와이 제도, 카리브해 제도, 인도네시아, 중남미, 아프리카 등의 광범위한 지역이 포함된다. 특징은 열대지방의 강렬한 색채를 사용하여 디자인하거나, 열대지방의 특유한 식물의 잎이나 꽃무늬를 모티브로 디자인함으로써 이국적 이미지를 나타낸 것이다. 독특한 무늬, 소재, 복식종류, 옷맵시 등 여러 가지 모양으로 디자인에 도입되고 있다.

대표적 트로피컬 의상으로는 알로하(Aloha) 셔츠와 하와이의 무무(Muumuu) 드레스를 들 수 있으며, 리조트 웨어로써 타히티 섬의 여인들이 즐겨 입는 파레오(Pareo) 드레스와 인도네시아를 비롯한 동남아시아 지역에서 입는 사롱(Sarong) 스커트 등이 있다. 또한 열대지방의 이미지를 갖는 카리브 팬츠와 삼바팬츠는 무릎 아래를 꼭 맞게 한 여성용 팬츠로서 스페인의 투우가 착용하는 토리어도어 팬츠에서 온 것이다. 대표적인 트로피컬 디자인으로는 돌체앤가바나(Dolce & Gabbana)의 작품을 들 수 있다.

4) 포클로어 Folklore

포클로어란 민간전승, 민속함을 뜻하며 인디언 룩, 페전트 룩 등의 소박한 농어민의 전통적인 민속복을 도입한 것이다. 포클로어는 에스닉과 함께 대표적인 민속풍 패션으로, 주로 유럽 지방을 대표하는 기독교 문화권의 민속의상을 의미하는 데 비해 에스닉은 기독교권 이외의 비기독교 문화권의 민속의상을 나타낸다.

각 국의 농민이 착용하고 있던 의복에서 모티브를 얻어 현대패션에 등장하여 그 나라 특유의 옷감, 색, 무늬 등을 사용하고 장식을 넣은 수공예의 느낌이 신선하게 부각된다. 1960년대 말 히피의 영향으로 인도, 티베트 등의 민속의상이 주목되면서 포클로어 의상이 대두되기 시작하였고, 1970년대 말 이브 생 로랑과 겐조가 페전트풍과 포클로어를 주제로 디자인하면서 유행하기 시작하였다. 1990년에는 비비안 웨스트우드에 의해 포클로어 디자인이 선보였다.

8. 엘레강스 Elegance

엘레강스는 불어로 「우아한, 고상한, 맵시」의 뜻이다. 성인을 대상으로 페미닌풍을 주제로 하는 클래식하고 컨서버 리치한 패션감각을 말한다. 또한 엘레강스는 우아한 품위와 여성다움을 추구하는 미의식이며, 이러한 미의식에도 영향을 받지만 성장환경에 의해서도 변화된다.

엘레강스는 우아함, 고상함, 단정함 등 품위 있는 이미지를 지향하는 클래식한 감성의 패션을 말하며, 넓게는 여성적인 아름다움을 지향하는 페미닌 룩을 창출하는 패션이기도 하다. 엘레강스 이미지에는 페미닌, 고져스 이미지 스타일이 대표적이다.

1) 페미닌 Feminine

페미닌은 여성스럽고 우아하며 고상하고 세련된 품위 있는 분위기를 가진 이미지로 인체의 곡선미를 살려서 둥근 어깨선, 부풀린 가슴선, 잘록한 허리선 등을 강조한 스타일이다.

이 이미지는 레이스, 프릴, 플라운스, 리본 등의 트리밍이 자주 이용되며 소재의 표면도 매끄럽고 광택이 있는 것이나 부드러운 것이 이용된다. 또 체형에 따라 몸에 꼭 맞는 실루엣이나 허리선을 강조한 것을 전형적인 페미닌 감각이라 할 수 있다. 그 외 깊게 파인 목둘레선과 칼라, 치마의 깊은 트임 등은 성숙한 여성 체형의 아름다움을 암시하는 효과로도 이용된다.

2) 고져스 Gorgeous

고져스 이미지는 우아하면서도 독특한 스타일로 특징지어진 패션과 미적 감각을 의미한다. 이 스타일은 고딕 아트와 서양 중세의 영감을 받아 어둡고 신비로운 분위기를 표현하며, 독창적이고 강렬한 룩을 창조한다. 고져스 이미지는 주로 검은색과 다양한 다크 톤의 색감, 복잡하고 독특한 패턴, 그리고 고요하면서도 강렬한 분위기를 선호한다.

고져스 패션은 플로럴 디자인, 레이스, 가죽 소재 등을 활용하여 어둡고 로맨틱한 느낌을 조화롭게 표현하며, 이를 통해 독립적이고 예술적인 존재감을 강조한다. 이 스타일은 강한 자아 표현과 예술적 감성을 중시하는 이들에게 인기를 끄는 독특하고 특별한 이미지를 형성한다. 고져스 패션은 주로 어두운 색상을 중심으로 한다. 특히 검은색, 진한 보르도, 다크 그린 등이 특징이며, 가죽 소재, 레이스, 메쉬, 목걸이, 팔찌 등의 액세서리가 자주 사용된다. 스틸레토 힐이나 부츠, 플랫폼 신발도 고져스 스타일에 자주 등장한다.

9. 컨트리 Country

컨트리는 자연의 아름다움, 서민적 정취와 야성미, 자유분방함을 최고로 추구하며 자연을 사랑하고 교외에서 건강한 생활을 추구하는 사람들이 선호하는 패션으로, 전원이나 교외에서 어울리게 입을 수 있는 소박하고 캐주얼한 옷차림새를 컨트리 패션이라 부른다. 컨트리 이미지는 서민적인 투박함과 자연적인 야성미로 표현되며, 알프스 소녀 하이디와 같은 청순한 이미지를 감성적으로 자유롭게 표현함으로써 생성되는 패션이다.

컨트리 이미지를 부각시키기 위하여 굵은 마직과 면소재, 영국풍의 체크무늬, 가죽과 스웨이드의 소재가 이용되며, 따뜻한 색상, 내츄럴 컬러가 중심이 된다. 컨트리 이미지에는 웨스턴, 콜로니얼 분위기의 패션이 포함되며 1990년에는 제니의 웨스턴 스타일, 콜로니얼 스타일이 크게 유행하였다.

1) 웨스턴 Western

미국 서부 시대의 카우보이들이 즐겨 입던 스타일로, 활동미와 넘치는 야성적 이미지를 표현하는 패션이다. 스포츠 타입의 웨스턴 셔츠를 비롯해서 가느다란 끈 넥타이로 만든 웨스턴 타이와 스카프, 술(Fringe) 장식을 주로 한 웨스턴 베스트와 자켓, 카우보이들이 말타기 경기 때 입었던 로데오 팬츠 등에서 보여지며, 그 외에도 웨스턴 벨트, 브로치, 모자, 부츠 등이 카우보이를 테마로 한 웨스턴 패션에 자주 사용된다.

오늘날의 웨스턴 패션에는 인디언 스타일의 상징인 헤어 밴드, 깃털 장식, 술·비즈 장식의 벨트 등이 상용되고 있으며, 특히 웨스턴을 상징하는 술 장식은 웨스턴 셔츠의 헴라인, 요크선, 소매 옆솔기, 팬츠와 스커트의 옆솔기 등에 가죽이나 스웨이드 등으로 장식하며 야성미를 보여주고 있다.

2) 콜로니얼 Colonial

콜로니얼은 '식민지의, 식민지풍의'란 의미로서, 19~20세기에 걸쳐 유럽 식민지 시대의 백인들이 선호한 감각이나 이미지를 패션으로 표현한 것이다. 대표적인 콜로니얼 패션의 기본스타일은 기능성을 중요시한 사파리 룩이며, 식민지 나라들의 열대 풍물을 모티프로 프린트하여 디자인하였다.

콜로니얼 패션에 사용되는 프린트는 주로 열대의 꽃과 식물, 동물과 조류, 정글의 얼룩무늬와 표범의 무늬 그리고 그러한 지역을 모티브로 한 지도 프린트 등을 사용하며, 이러한 프린트 무늬는 트로피컬 패션에 사용되는 무늬와 유사하다. 색채에 있어서 강렬한 태양이 내리쬐는 남국의 섬을 연상시키는 약동적인 색을 사용한다.

10. 클래식 Classic

클래식은 '기본적', '표준적인'의 뜻을 가지고 있으며, 시대를 초월하는 가치와 보편성을 지닌 고전적이고 전통적인 의상 스타일을 클래식이라 부른다. 패션에서의 클래식은 지속성이 그 생명으로 디자인은 비교적 단순하며, 스타일 자체에는 유행의 변화가 많지 않고 색채나 소재의 변화를 약간 주는 유행에 관계없이 오랜 동안 지속적으로 입는 특정한 스타일의 의상으로서 테일러 슈트, 샤넬 슈트, 카디건, 진(Jean) 바지 등이 대표적인 클래식 의상이다.

따라서, 클래식에서 요구되는 이미지는 전통성을 바탕으로 한 침착성, 안정감, 품위 등이다. 또한, 전통적인 풍요로운 색상, 오랫동안 사랑받아온 따뜻한 정감있는 색상으로 구성된다. 클래식 이미지에 컨저버티브(Conservative), 트래디셔널(Traditional) 분위기의 패션이 있다.

1) 컨저버티브 Conservative

패션에서의 컨저버티브는 보수적인 경향의 옷차림새를 의미한다. 즉 유행에 적극적이지 않은 소극적인 사람으로서 특히 유행하는 패션을 잘 수용하지 못하는 사람들의 패션이다.

따라서 모든 유행을 초기 단계에서 수용하는 패션 선도자보다는 일반적으로 유행이 보편화되었을 때 수용하는 많은 사람들의 의상을 말한다. 베이직 스타일, 클래식 스타일 또는 아메리칸 트래디셔널, 브리티시 트래디셔널 등이 포함된다.

2) 트래디셔널 Traditional

'전통적', '정통'의 뜻을 지닌 트래디셔널은 패션에서는 대체로 미국의 전통적인 남성 신사복을 의미한다. 미국 동부에서부터 유행하기 시작한 것으로 아이비리그(Ivy League) 모델이라고 한다. 보수성이 강한 캐주얼풍으로 여성다움보다는 지성미를 나타내는 패션이다. 내츄럴 숄더, 뚱뚱해서 보기 흉한 실루엣, 폭이 넓은 라펠 등이 특징이고 기능적이며 스포티한 감각으로 엘레강스한 유럽스타일과는 대비된다.

오늘날의 패션 트렌드(유행경향)는 급속도로 변화되고 있다. 특히 의복의 패션 사이클(유행주기)과 패션 라이프(유행수명)는 극히 짧아지고 있으며 이에 따라 거리의 옷차림도 빠른 속도로 바뀌어지고 있다. 고정관념에 얽매이고 두려운 나머지 고루한 생각과 차림으로 무의미한 생활을 지속하는 것보다는 과감한 변신을 시도하여 신선한 모습을 발견하는 일도 보람찬 일이 될 것이다.

11. 그로테스크 Grotesque

그로테스크는 그로트에서 유래된 말로 건축, 가면, 동물, 식물의 일부 등 다양한 소재를 곡선모양으로 연결해 혼잡하게 구성한 것이다. 로마 시대의 벽화에 처음 사용되었고, 라파엘의 바티칸 궁전 로지아의 장식과 같은 걸작을 탄생시키며 르네상스 시대에 특히 즐겨 쓰였다. 그 후 장식적 패턴을 떠나서 기괴하고 환상적인 표현을 통상 그로테스크의 명칭으로 부르게 되었으며 사람, 동물, 꽃, 과일 등을 포함하는 아라베스크(Arabesque) 무늬를 말한다.

본래 이탈리아어인 그로테스코는 일반적으로 어울리지 않는 장소를 장식하기 위한 독특한 의장을 지칭하는 것이었으나, 오늘날에는 일반적으로 극도로 부자연스러운 것, 괴기한 것, 우스꽝스럽고 흉측한 것 등을 형용하는 말로 사용된다. 그로테스크에는 펑크, 데카당스, 데테스테 등이 있다.

1) 펑크 Punk

1973년 세계적인 석유파동으로 인하여 에너지 위기와 경제 불황, 물가 상승 등으로 세계경제가 극도로 침체되었다. 이로 인해 1970년대는 경제적 황금기를 종료하고 실업난과 빈곤층이 증가하였다. 특히, 1970년대 영국의 젊은이들은 실업과 인플레이션에 따른 좌절감을 경험했다. 경제적인 불황 속에서 상당수가 실업자가 되어 실업수당을 받으면서 살아가고 있었다. 그래서 실업의 증가와 암울한 미래, 자신들에게 관심을 보이지 않는 사회에 대한 반항, 분노, 좌절을 젊은이들이 무정부주의적이고 허무주의적인 펑크와 같은 혐오스러운 복장과 머리형태를 하고 다니면서 표출하게 그와 관련된 음악, 패션, 태도를 통해 표현하였다.

펑크는 원래 속어로 '시시한 사람, 재미없는 것, 불량소년, 소녀, 풋내기' 등의 의미이다. 펑크는 윤리적이지 못한 통속물이라는 키치(Kitsch)에서 비롯되었으며, 도시의 게릴라를 표방하면서 세상의 추함을 더욱 확대시킨다는 특징이 있다.

펑크 스타일의 특징은 창의적인 정체성과 차별화된 개인, 그리고 자유로운 가능성이다. 기존의 완성된 옷을 찢고, 재구성하고, 개별적인 취향을 반영하여 새로운 룩(Look)을 만드는 것으로부터 출발했다.

패션에서 펑크는 과감한 색채의 사용, 쇠사슬, 피어싱, 그물망 등의 아이템 착용, 스파이키헤어, 모혹, 스킨헤드 등의 컬러풀하고 괴기스러운 헤어스타일, 그로테스크한 메이크업 등으로 표현되었다. 대표 디자이너로는 비비안 웨스트우드가 있다.

2) 데카당스 Décadence

데카당스는 '쇠퇴', '퇴폐'를 의미하는 말로서, 성숙했던 사회가 쇠퇴와 퇴폐로 기울어져 정치와 문화가 부자연스럽고, 불건전한 양상을 보이는 것을 데카당스라 부른다. 데카당스는 19세기 프랑스 문화를 중심으로한 허무적이고 심미주의적인 문예운동에서 비롯되었다.

패션에서의 데카당스는 퇴폐적이며 허무적인 감성을 표현하는 것으로서 악마스러운 문양이나 과감한 색채 사용, 바디 페인팅과 성적인 부분의 과감한 강조로써 일종의 세기말적인 현상을 나타내는 패션을 의미한다. 퇴폐적인 분위기를 연출하는 디자이너로는 비비안 웨스트우드, 존크레빈, 스완키 모드, 주디 듀스버리, 다이안 등을 들 수 있다.

3) 데테스테 Détester

프랑스어 데테스테는 '혐악', '증오'를 의미하는 말로서 깨끗한·세련됨·우아함·단정함과는 반대되는 취미를 추구하는 디자이너들에 의해 지향된 악취미 운동이다. '미(美)와 추(醜)의 경계는 극히 모호한 것이다.'라는 발상에서, 일반적으로 추악하고 저속한 것 중에도 의외의 아름다움이 존재한다는 생각에서 최근 여러 분야에서 부각되고 있다.

아르누보 시대에 모티프로 사용되었던 곤충과 파충류, 1960년대의 사이키델릭 감각, 현대의 펑크로 대표되는 스트리트 패션과 폐품으로 만들어지는 데테스테 패션은 자유 분방한 발상에 의해 만들어진 것이다. 패션에서의 '악취미' 경향은 디테일에만 한정되지 않고, 옷의 격식을 벗어나 옷의 균형을 파괴하는 패션으로 표현되고 있다.

12. 퓨어 Pure

퓨어 이미지는 순수하고 깨끗한 느낌을 주는 스타일로, 단순하면서도 우아하고 정제된 디자인과 컬러를 특징으로 한다. 불필요한 장식이나 복잡한 패턴을 배제하고, 간결하면서도 섬세한 디테일과, 밝고 깨끗한 컬러 팔레트를 선호하며 흰색, 크림, 연한 회색, 파스텔 톤 등이 자주 사용된다. 의복과 액세서리는 심플하면서 고급스러운 소재와 품질을 강조하며, 전체적으로 균형을 이루어 단순함과 아름다움을 결합한다.

퓨어 이미지는 깨끗하고 차분한 느낌을 통해 우아하고 신선한 인상을 전달하며, 간결함 속에도 세련된 아름다움을 추구한다.

13. 퓨쳐리스틱 Futuristic

아직 오지 않은 미래의 삶을 반영한 옷차림으로 과학 기술의 발전에 따라 시대별로 색채, 형태, 문양, 소재 따위가 다르게 표현된다. '레트로(Retro)'와는 상반되는 미래 지향적인 이미지의 메이크업으로 상상력을 반영한 차갑거나 딱딱함, 날카로움 등의 느낌을 살려 디자인 할 수 있다. 퓨처(Future)는 미래, 장래, 유망한 전도란 뜻으로 퓨처룩(Future look)은 매우 미래적인 감각의 풍부한 패션을 총칭한다.

1969년 미 우주선 아폴로 11호의 인류 최초 달 착륙을 시초로 전 세계는 우주에 대한 지대한 관심을 갖게 되었다. 이러한 관심을 배경으로 1960년대 나타나게 된 스페이스룩은 미래에 대한 무한한 가능성을 제시했으며, 첨단과학 기술과 의상 예술의 조화로운 만남을 시도하였다는 의미를 가진다.

14. 미니멀 Minimal

'최소한의'라는 의미의 미니멀(Minimal)과 주의(Ism)를 결합한 '미니멀리즘'은 2차 세계대전 후 1960~1970년대에 일어난 미술 운동으로, 단순함과 간결함을 추구한 움직임으로 이는 기교를 최소화하여 사물의 기본을 표현할 때 대상의 고유한 성질, 즉 본질을 구현할 수 있다는 것이 기본 전제되었다. 미술에서 시작된 미니멀리즘은 이후 패션·뷰티 분야에까지 확산되었으며 메이크업에서는 화려하거나 기교를 부리지 않은 절제된 메이크업의 유형을 미니멀 메이크업이라 한다.

메이크업을 전혀 하지 않은 듯한 투명하고 내추럴한 피부에 복숭아빛 양볼, 아이라인을 전혀 강조하지 않고 마스카라만 살짝 바른 아이 메이크업, 그리고 립글로스만 살짝 바른 립 메이크업이 유행이었다. 여성의 미를 정숙함보다는 실용주의에 입각한 활동성에서 찾는 현실을 반영하고 있다. 미니멀리즘이 메이크업에 미친 영향을 살펴보면 모던함과 심플함이 중심이 되어 인간 본질을 돌아보는 의미로 나타났으며 단순하고 깨끗한 이미지와 현대적인 감각으로 미니멀리즘을 표현했다. 색상에 있어서도 모노톤에서부터 섬세하고 창백한 분위기로 정지된 듯한 이미지로 표현되고 있다. 최소의 디테일로 신선하고 세련된 분위기를 연출해 단순하고 깨끗한 이미지의 미니멀리즘을 나타내었다.

chapter 05

Worksheet

1. 주제별 테마·어휘 선정

(1) 내츄럴(Natural)
(2) 로맨틱(Romantic)
(3) 매니시(Mannish)
(4) 모던(Modern)
(5) 소피스티케이티드(Sophisticate)
(6) 액티브(Active)
(7) 에스닉(Ethnic)
(8) 엘레강스(Elegance)
(9) 컨트리(Country)
(10) 클래식(Classic)
(11) 그로테스크(Grotesque)
(12) 퓨어(Pure)
(13) 퓨쳐리스틱(Futuristic)
(14) 미니멀(Minimalism)

2. Map 작성

(1) 내츄럴(Natural)

(2) 로맨틱(Romantic)

(3) 매니시(Mannish)

(4) 모던(Modern)

(5) 소피스티케이티드(Sophisticate)

(6) 액티브(Active)

(7) 에스닉(Ethnic)

(8) 엘레강스(Elegance)

(9) 컨트리(Country)

(10) 클래식(Classic)

(11) 그로테스크(Grotesque)

(12) 퓨어(Pure)

(13) 퓨쳐리스틱(Futuristic)

(14) 미니멀(Minimalism)

CHAPTER

06

아이템 코디네이션

CHAPTER 6 아이템 코디네이션

1. 의복 종류별 패션스타일

1) 블라우스 Blouse

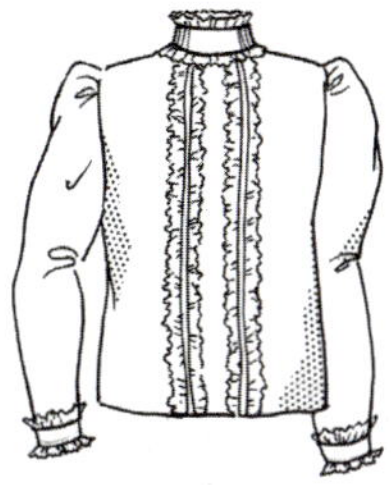

깁슨 웨이스트 블라우스

보 블라우스

자보 블라우스

블루종 블라우스

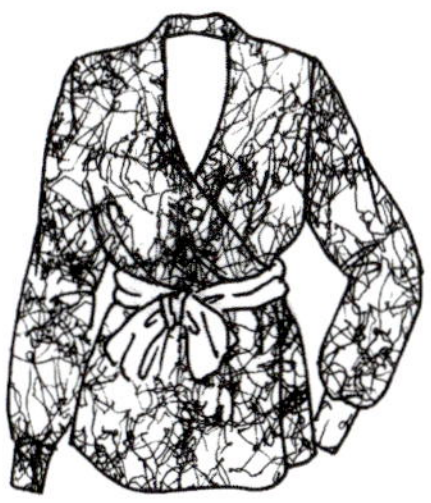

새시 블라우스

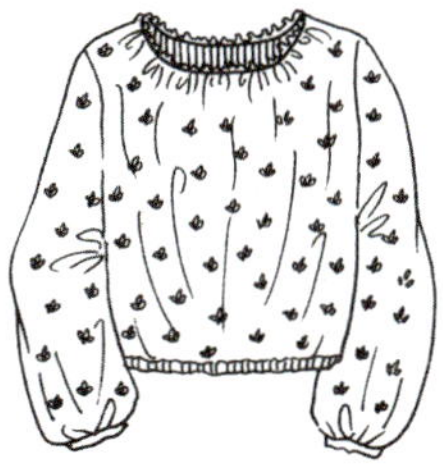

페전트 블라우스

니트 블라우스

세일러 블라우스

코사크 블라우스

슬립온 블라우스

스목 블라우스

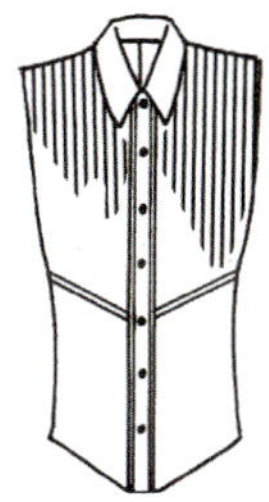

디키 블라우스

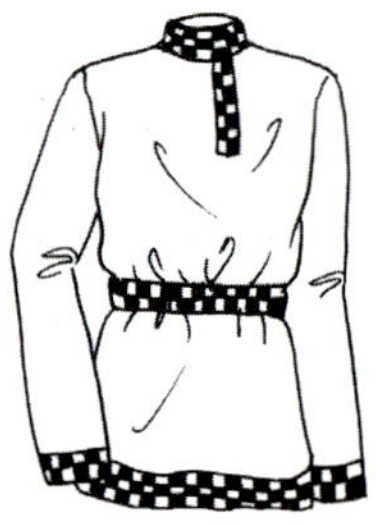

루바시카 블라우스

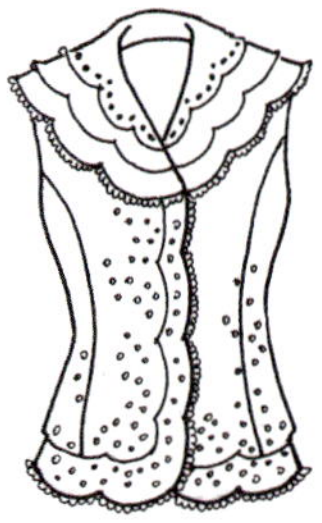

질레 블라우스

보디 블라우스

홀터 블라우스

2) 셔츠 Shirts

가리발디 셔츠

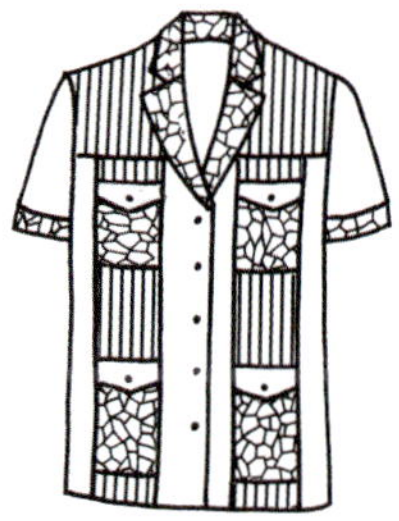

구아야베라 셔츠

다시키 셔츠

드레스 셔츠

러플 셔츠

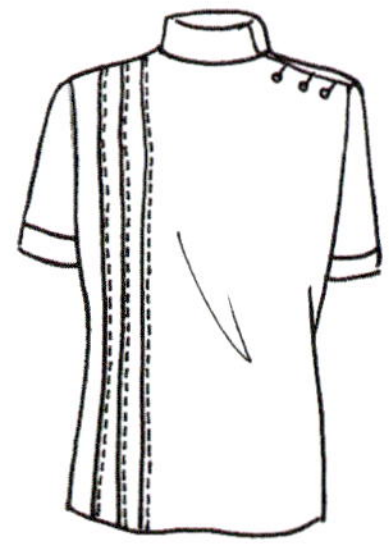

벤 케이시 셔츠

스포츠 셔츠

아이비리그 셔츠

유러피안 컷 셔츠

카우보이 셔츠

탱크 톱 셔츠

톰 존스 셔츠

파일럿 셔츠

폴로 셔츠

하와이언 셔츠

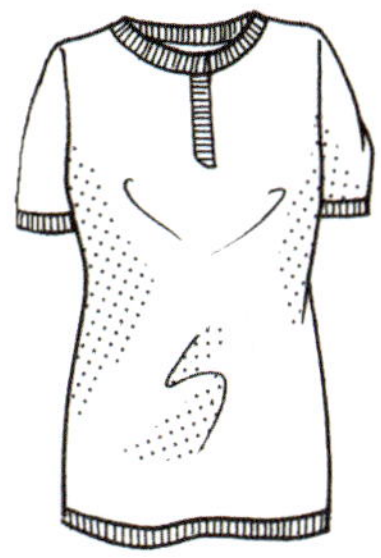

헨리 셔츠

카발리 셔츠

쳐커 셔츠

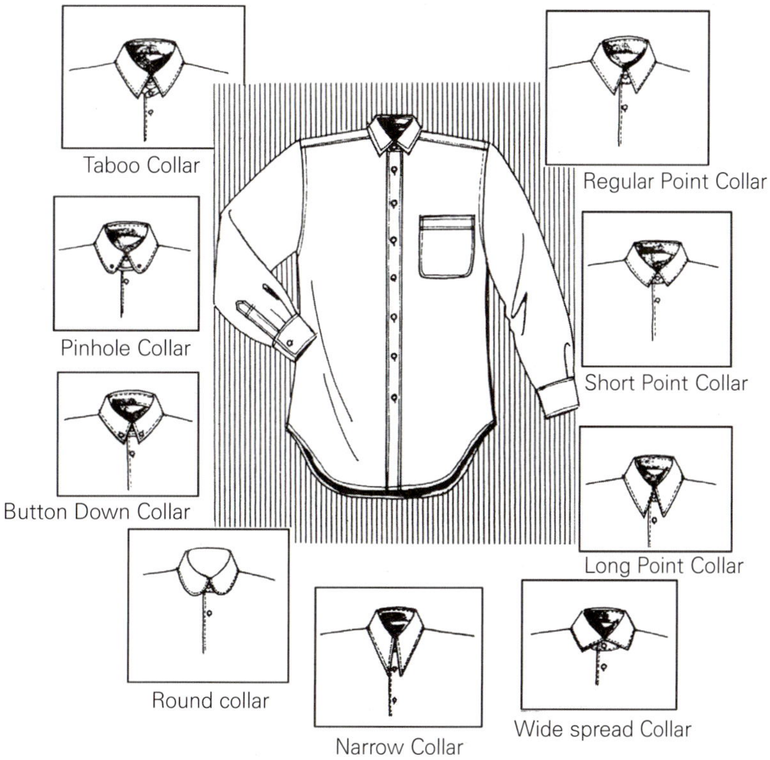

Y/Shirt Collar의 명칭

3) 베스트 Vest

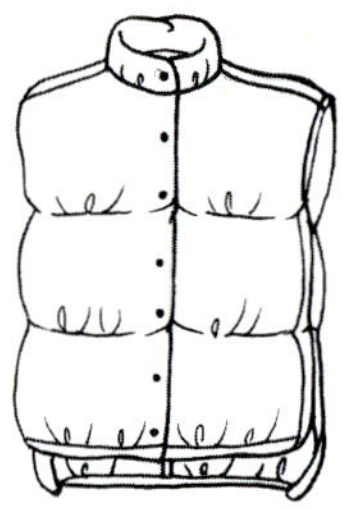

다운 베스트

더블릿 베스트

드레스 베스트

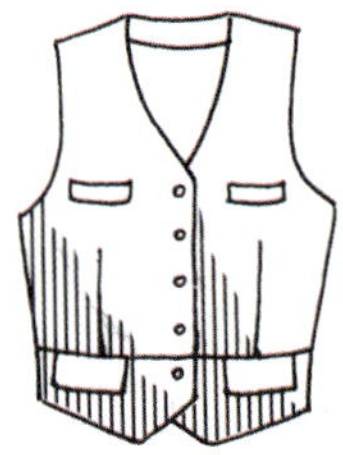

라이딩 베스트

라펠 베스트

백리스 베스트

오드 베스트

웨스킷 베스트

코르셋 질레 베스트

4) 스웨터 Sweater

코트 스웨터

맥시 스웨터

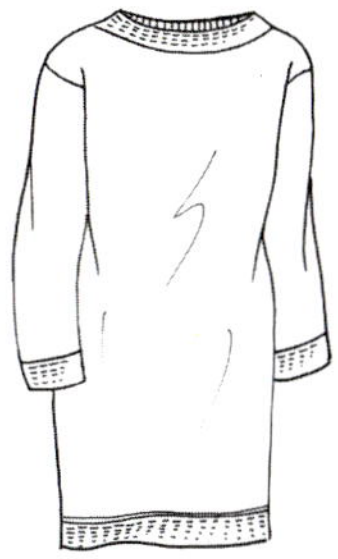
튜닉 스웨터

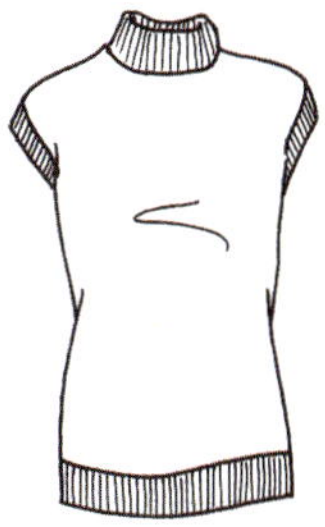
셸 스웨터

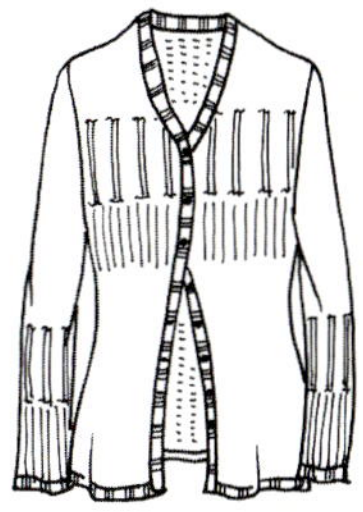
카디건 스웨터

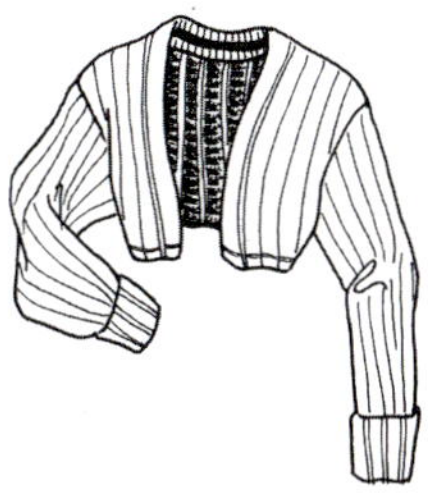
볼레로 스웨터

스키 스웨터

아가일 스웨터

인타르시아 스웨터

피셔맨 스웨터

카우첸 스웨터

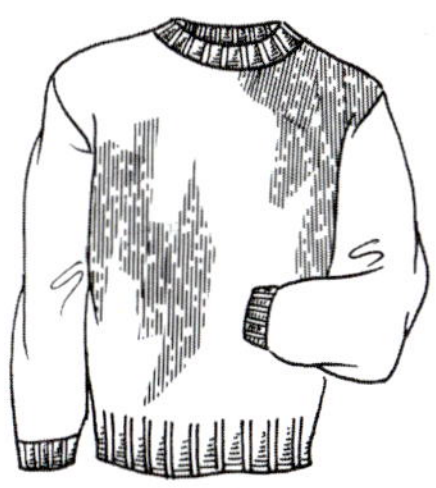
크루 네크라인 스웨터

터틀 네크라인 스웨터

틸덴 스웨터

페어 아일 스웨터

푸어 보이 스웨터

풀오버 스웨터

5) 재킷 Jacket

네루 재킷

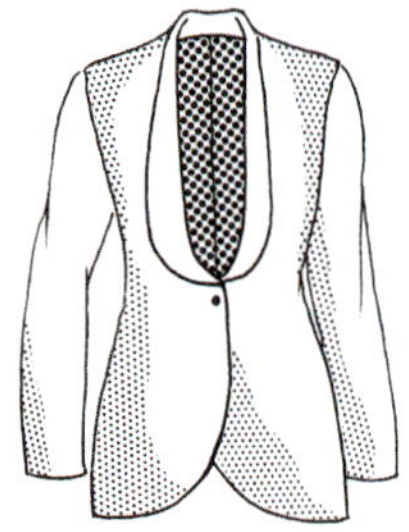

디너 재킷

마오 재킷

벨 보이 재킷

모즈타입 재킷

박스 재킷

배틀 재킷

보팅 블레이저 재킷

블루종 재킷

샤넬 재킷

에드워디안 재킷

에이비에이터 재킷

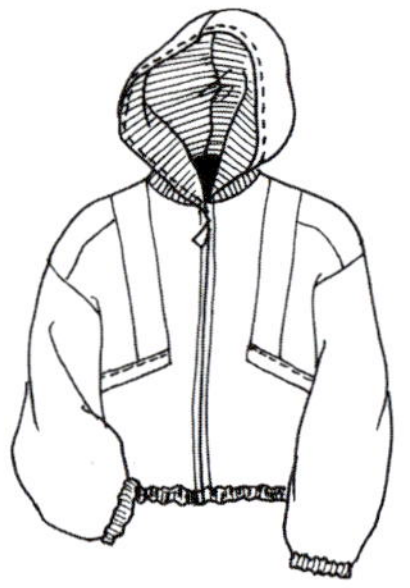

윈드브레이커 재킷

이튼 재킷

카디건 재킷

켄트 모델
블레이저 재킷

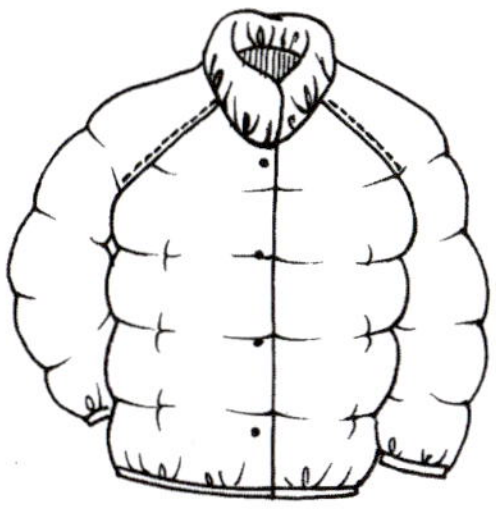

파카 재킷

페플럼 재킷

6) 스커트 Skirt

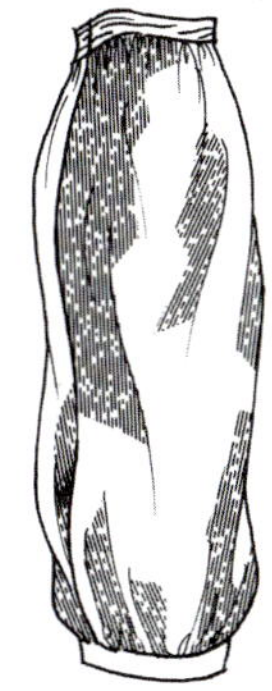

하렘 스커트

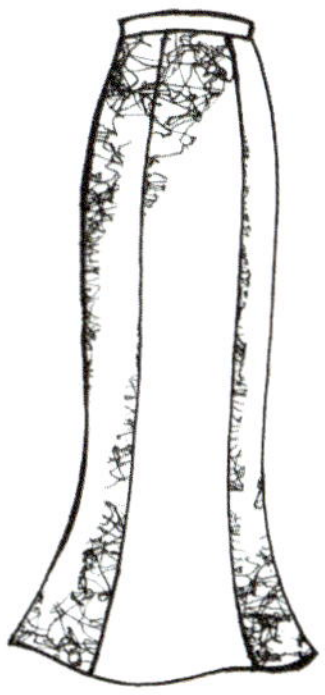

고어 스커트

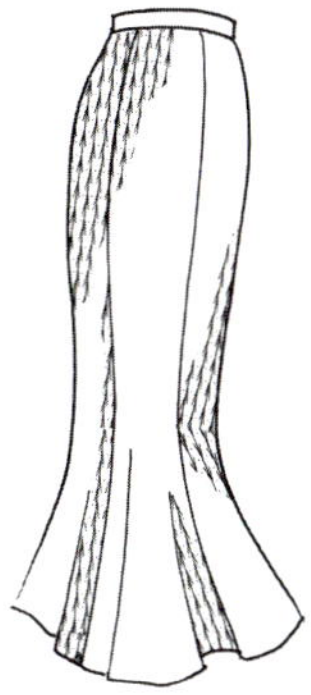

모닝글로리 스커트

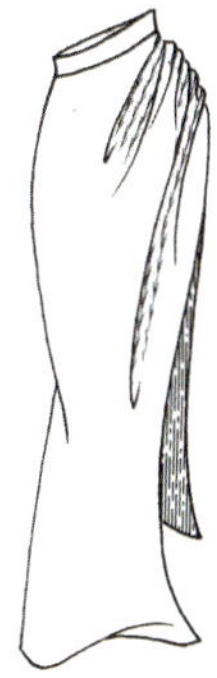

드레이프 스커트

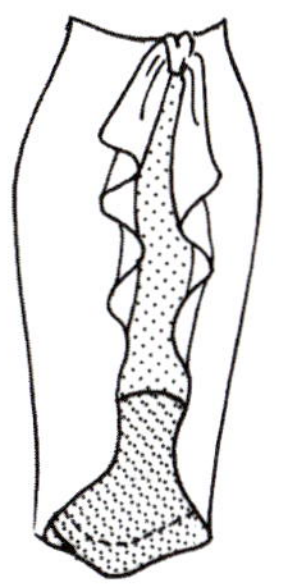

사롱 스커트

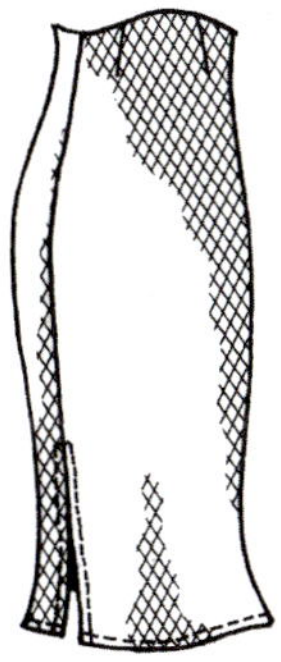

슬릿 스커트

쥬프 쇼셋트 스커트

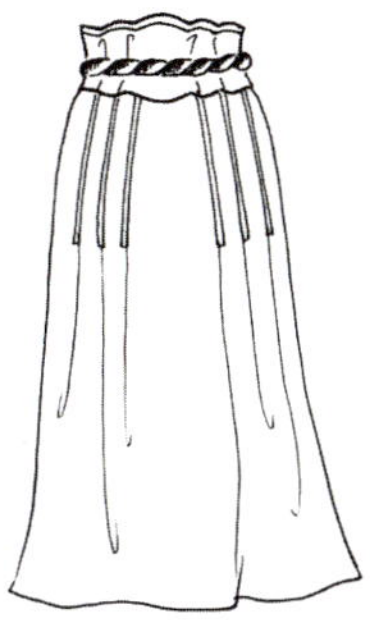

하까마 스커트

더취 보이 스커트

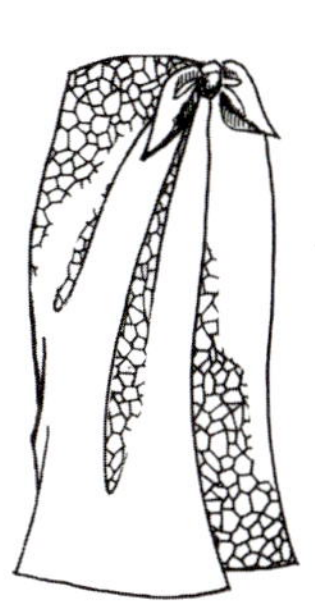

랩 스커트

요크 스커트

킬트 스커트

쥬프 로망트

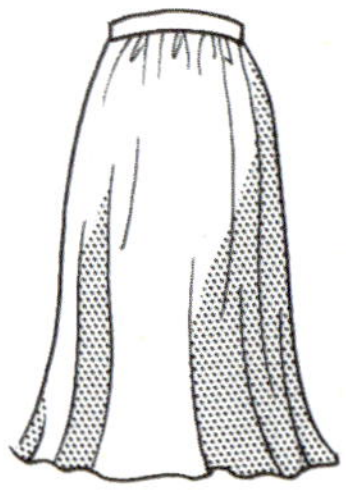

개더 스커트

버블 스커트

벌룬 스커트

서큘러 스커트

페전트 스커트

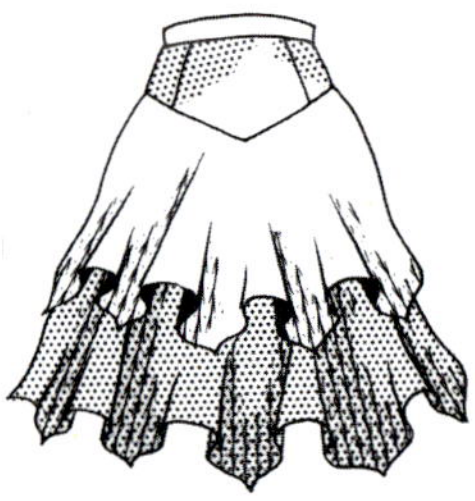

행커치프 스커트

티어 스커트

스쿠터 스커트

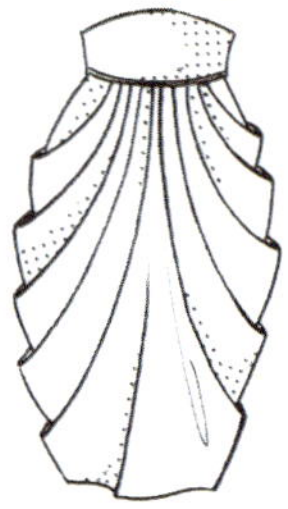

페그 톱 스커트

힙 본 스커트

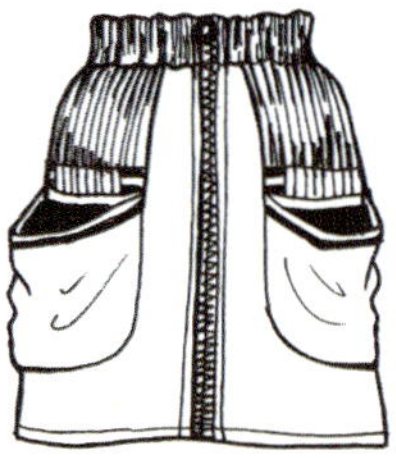

모빌리티 스커트

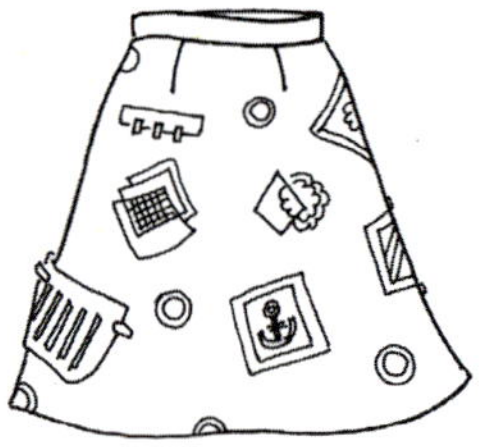

뉴 버슬

푸쳐 스커트

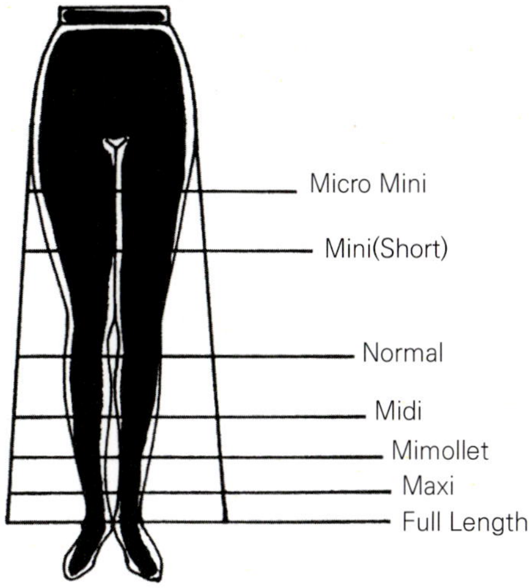

Skirt Silhouette Line

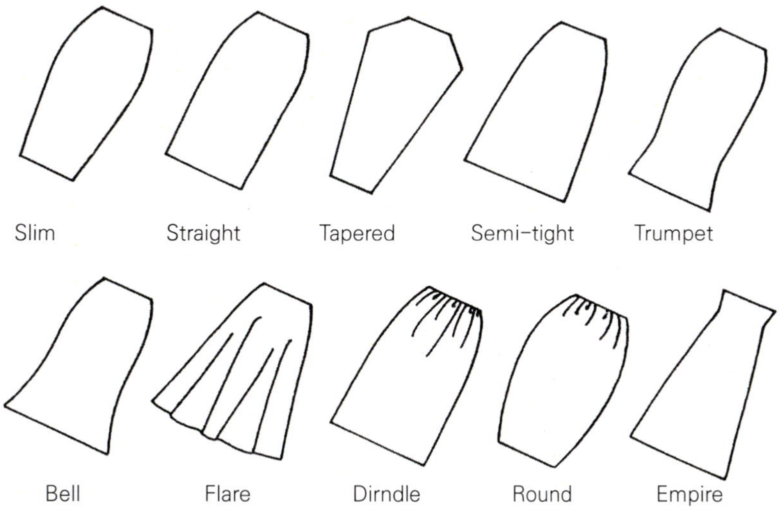

Skirt 길이의 명칭

7) 바지 Slacks

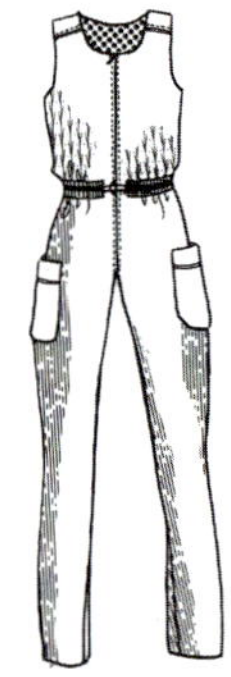
점프 슈트

스트래플리스
점프 슈트

벨 보텀즈 팬츠

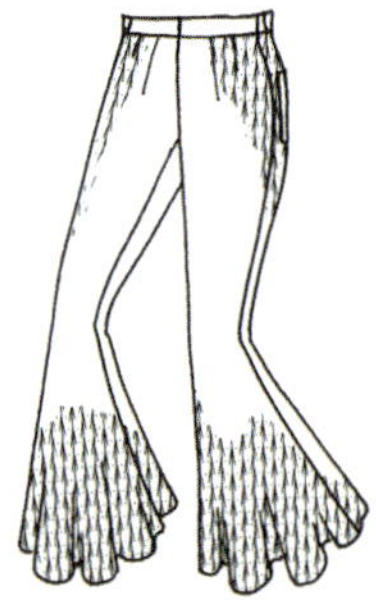
엘리펀트 벨 팬츠

하렘 팬츠

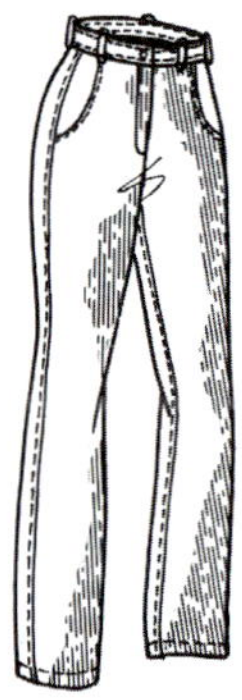
진 팬츠

조드퍼즈 팬츠

스티럽 팬츠

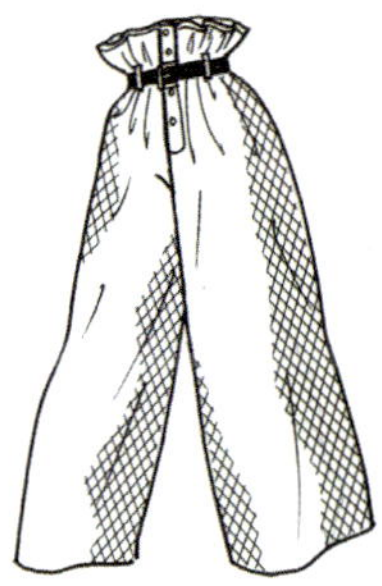
앰플 팬츠

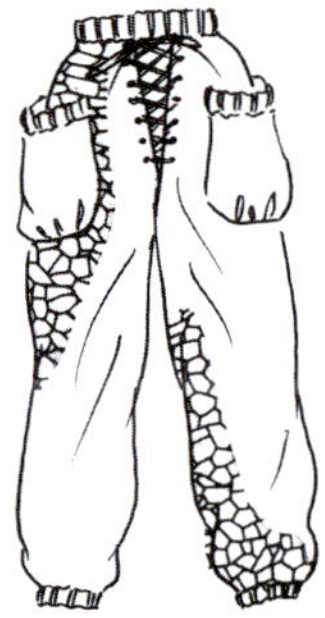
파라슈트 팬츠

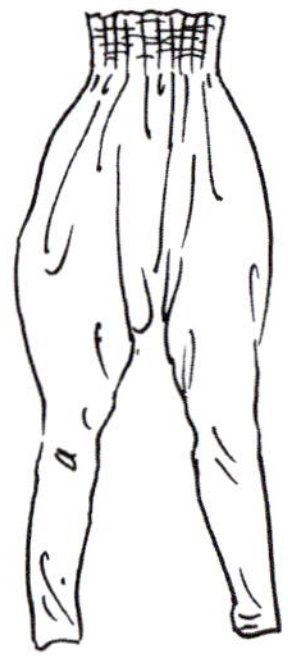
슈리다즈 팬츠

도티 팬츠

카터필라 팬츠

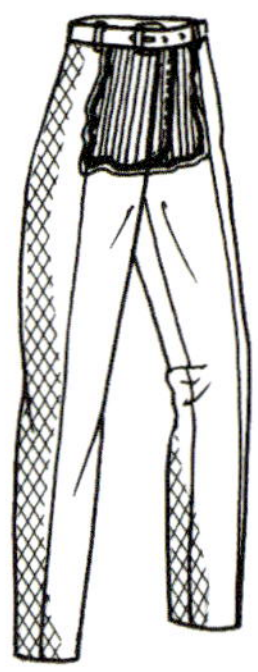
챠파라호스 팬츠

셧 팬츠

보이 쇼트 팬츠

구르카 팬츠

버뮤다 팬츠

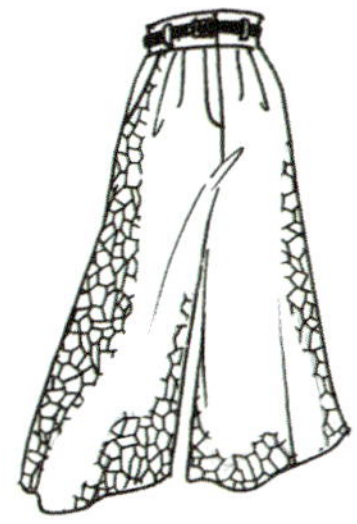

가우초 팬츠

니커즈 팬츠

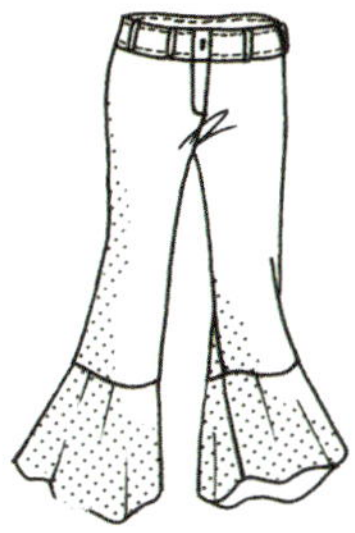

힙 본 팬츠

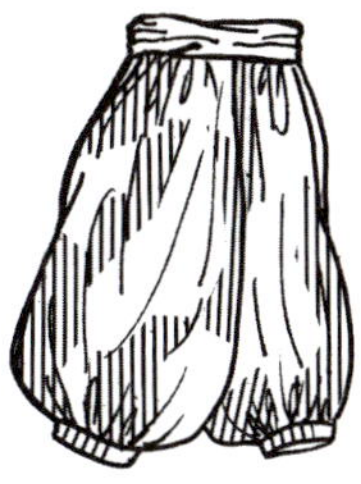

주아브 팬츠

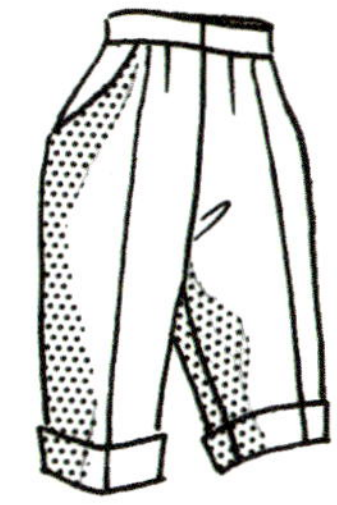

프리피 쇼트 팬츠

파뉴 팬츠

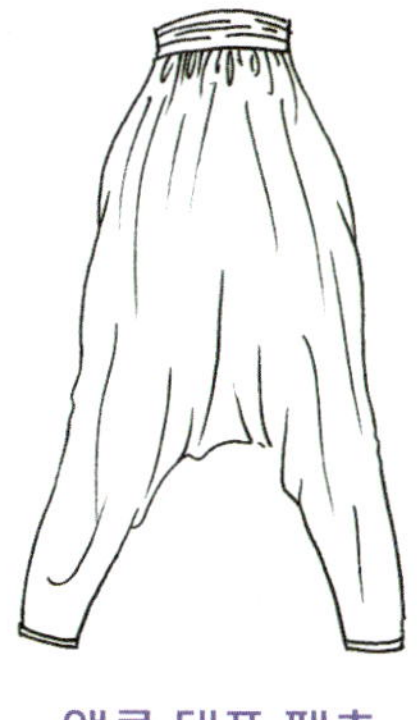

앤클 태프 팬츠

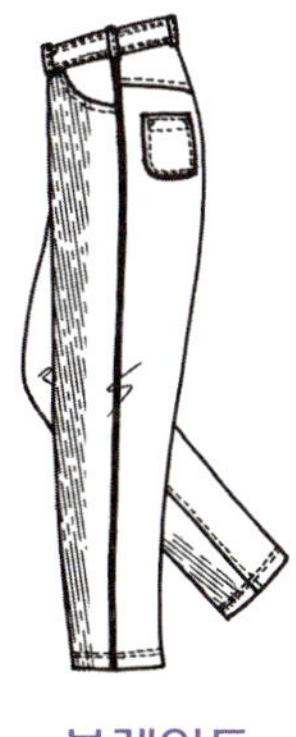

브레이드

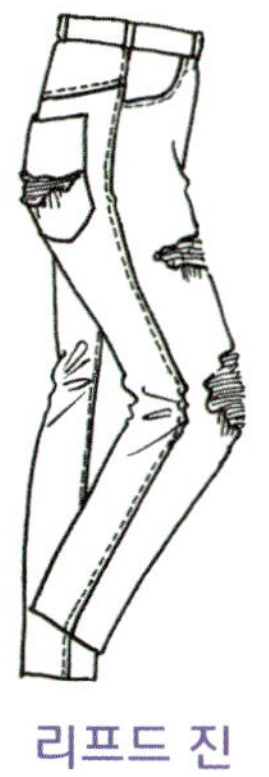

리프드 진

바지 길이의 명칭

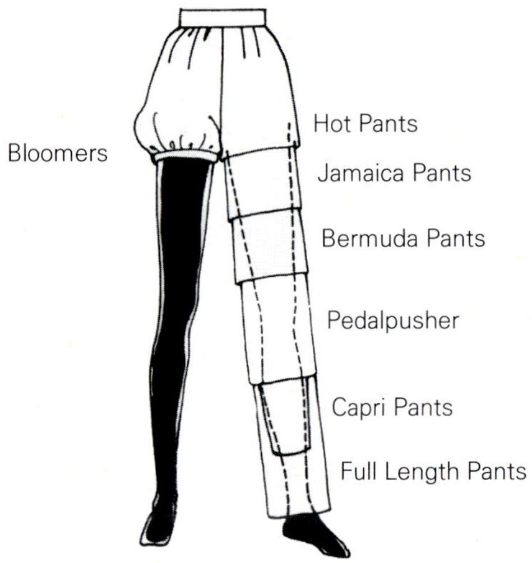

바지 실루엣 선의 종류

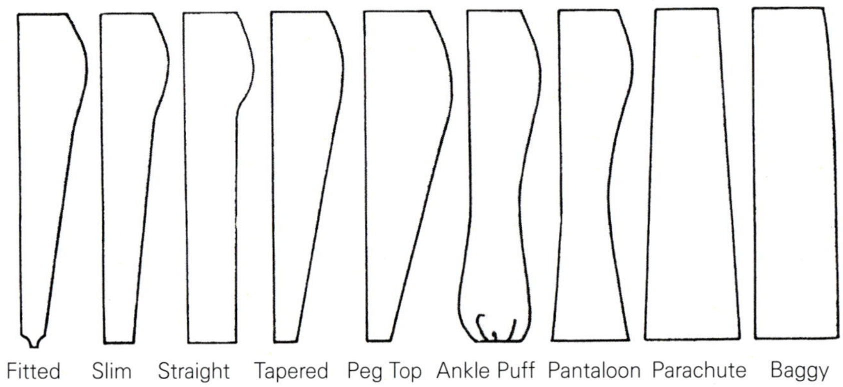

● Jeans의 Front Style

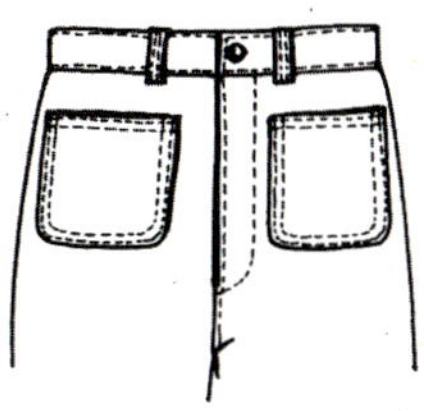

Four Patch Pocket

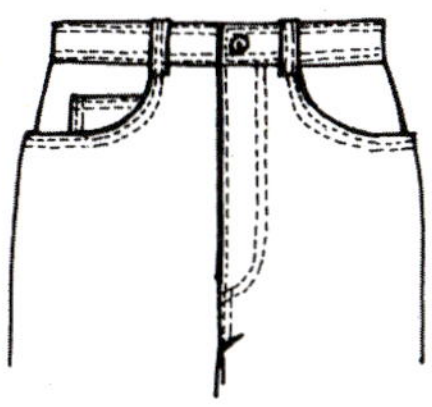

Western Pocket

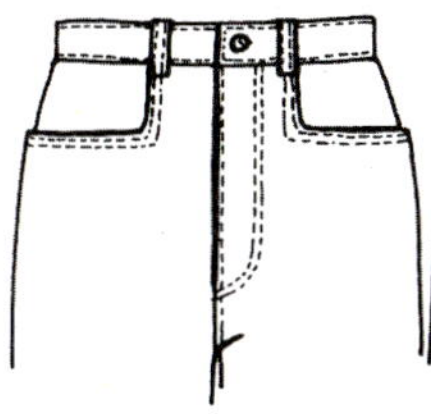

L자 Pocket

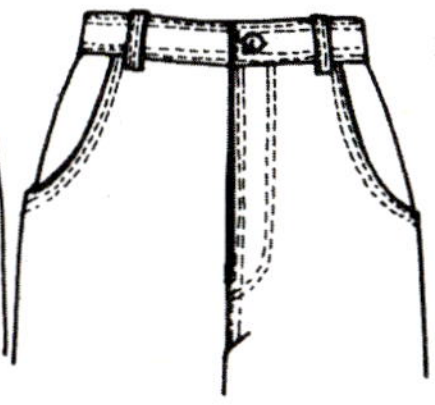

J자 Pocket

Hidden Pocket

Horizontal Pocket

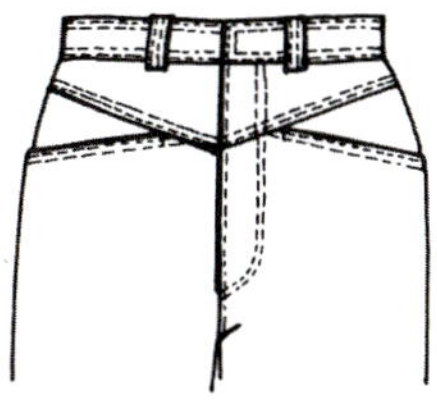

Smile Pocket

● Jeans의 Back Style

Four Patch Pocket

Horizontal Pocket

Smile Pocket

Back Strap

8) 드레스 Dress

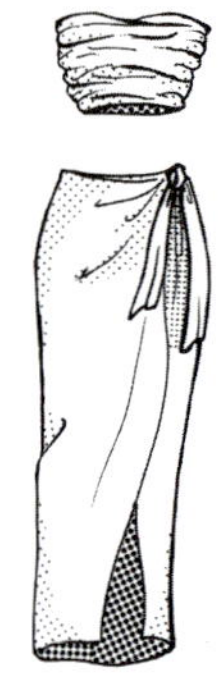

사롱 드레스

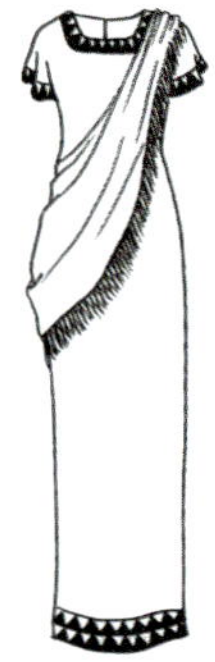

사리 드레스

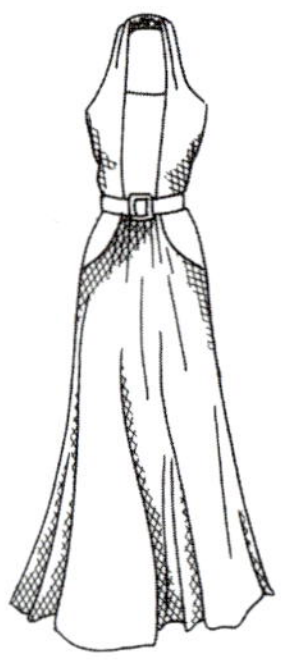

선 드레스

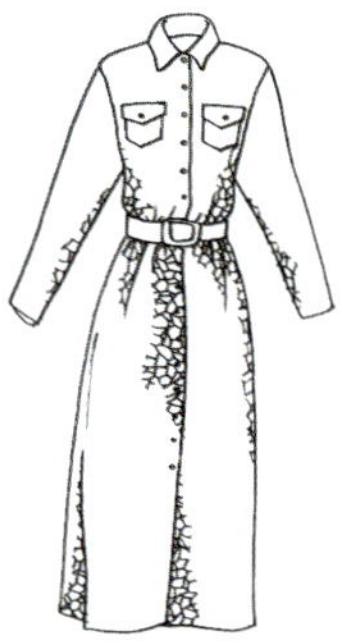

셔츠 웨이스트 드레스

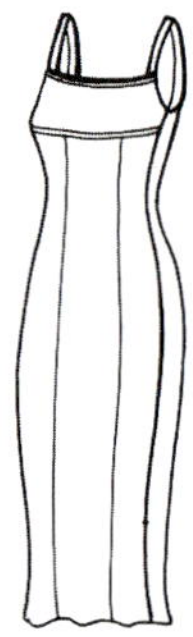

시스 드레스

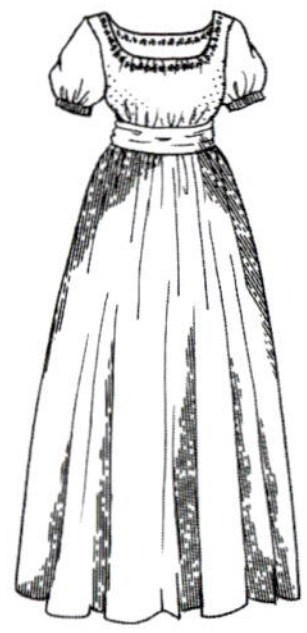

엠파이어 드레스

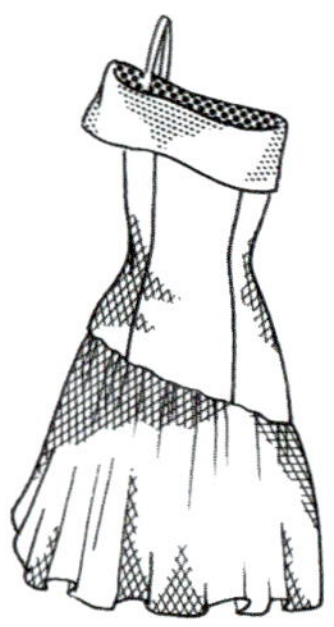

원 숄더 드레스

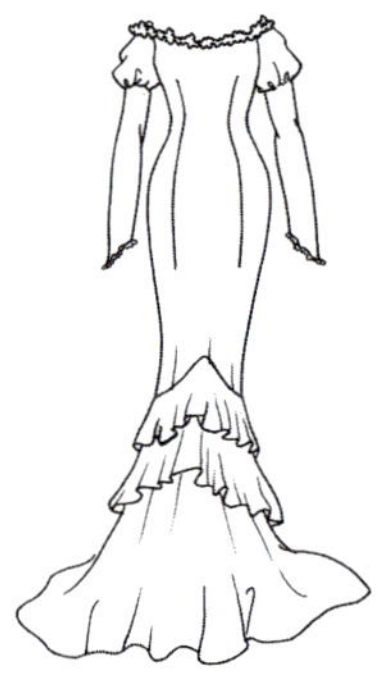

웨딩 드레스

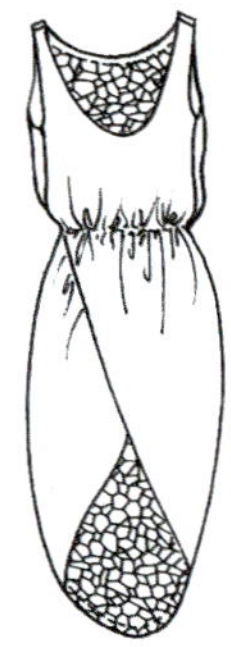

코쿤 드레스

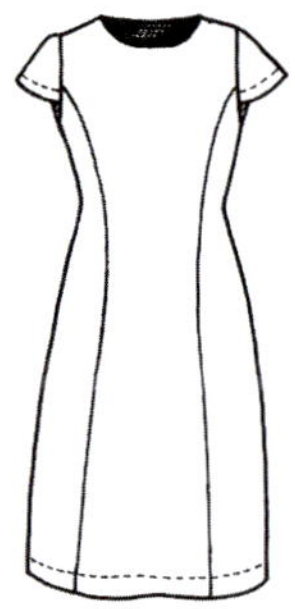

프린세스 드레스

티어 드레스

파고다 드레스

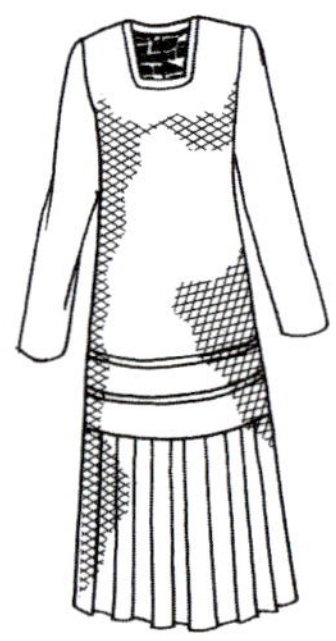

플래퍼 드레스

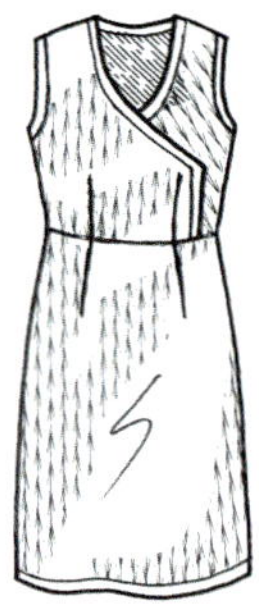

피너포 드레스

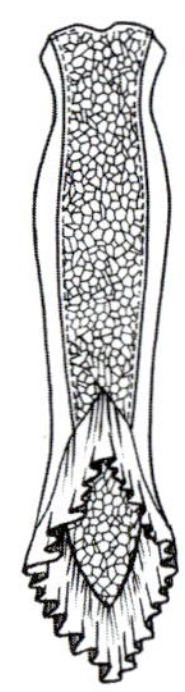

피시테일 드레스

하우스 드레스

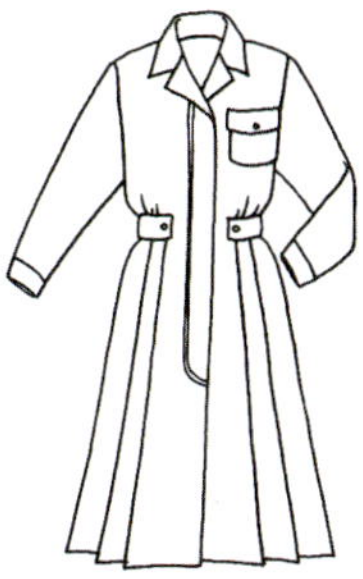

플라이 프론트 드레스

레이스 업 드레스

홀스 웨이스트 드레스

로브뇌 드레스

토가 드레스

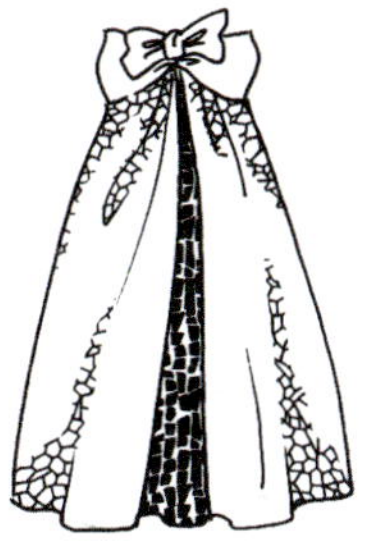

파레오 드레스

캐스케이드 드레스

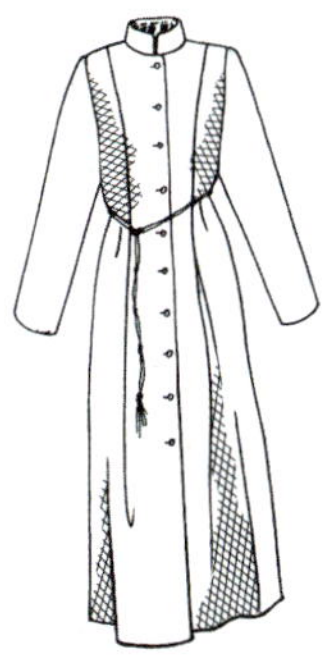

카프탄 드레스

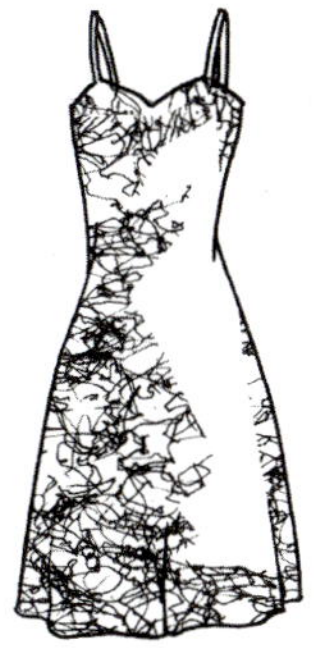

슈미즈 드레스

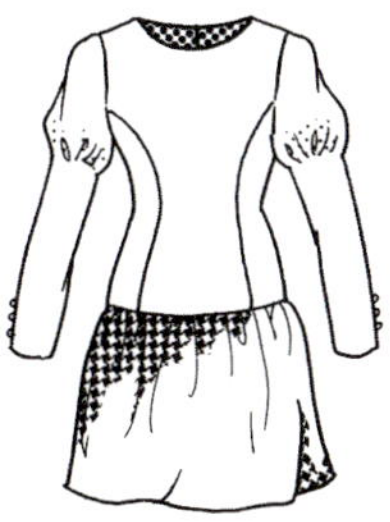

드롭 웨이스트 드레스

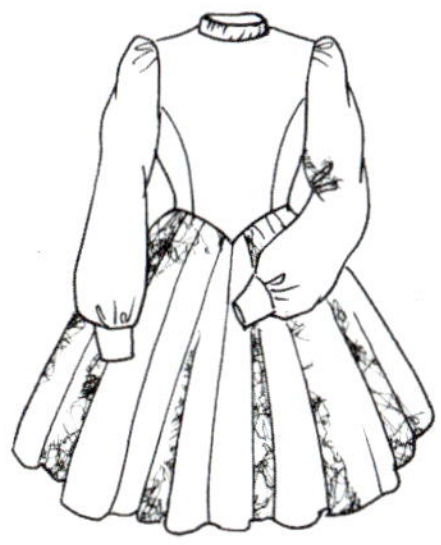

베이비 돌 드레스

캉캉 드레스

칵테일 드레스

투투 드레스

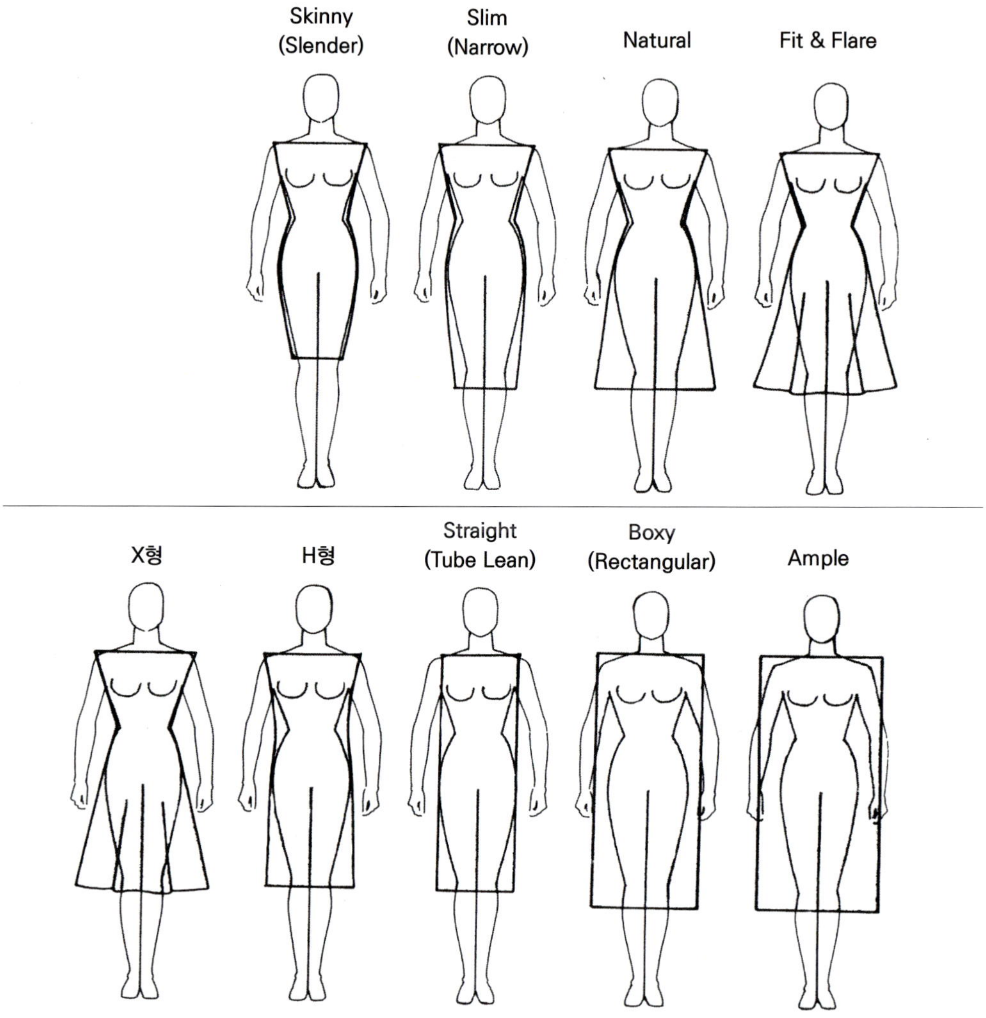
Skinny
(Slender)
Slim
(Narrow)
Natural
Fit & Flare
X형
H형
Straight
(Tube Lean)
Boxy
(Rectangular)
Ample

드레스 실루엣 I

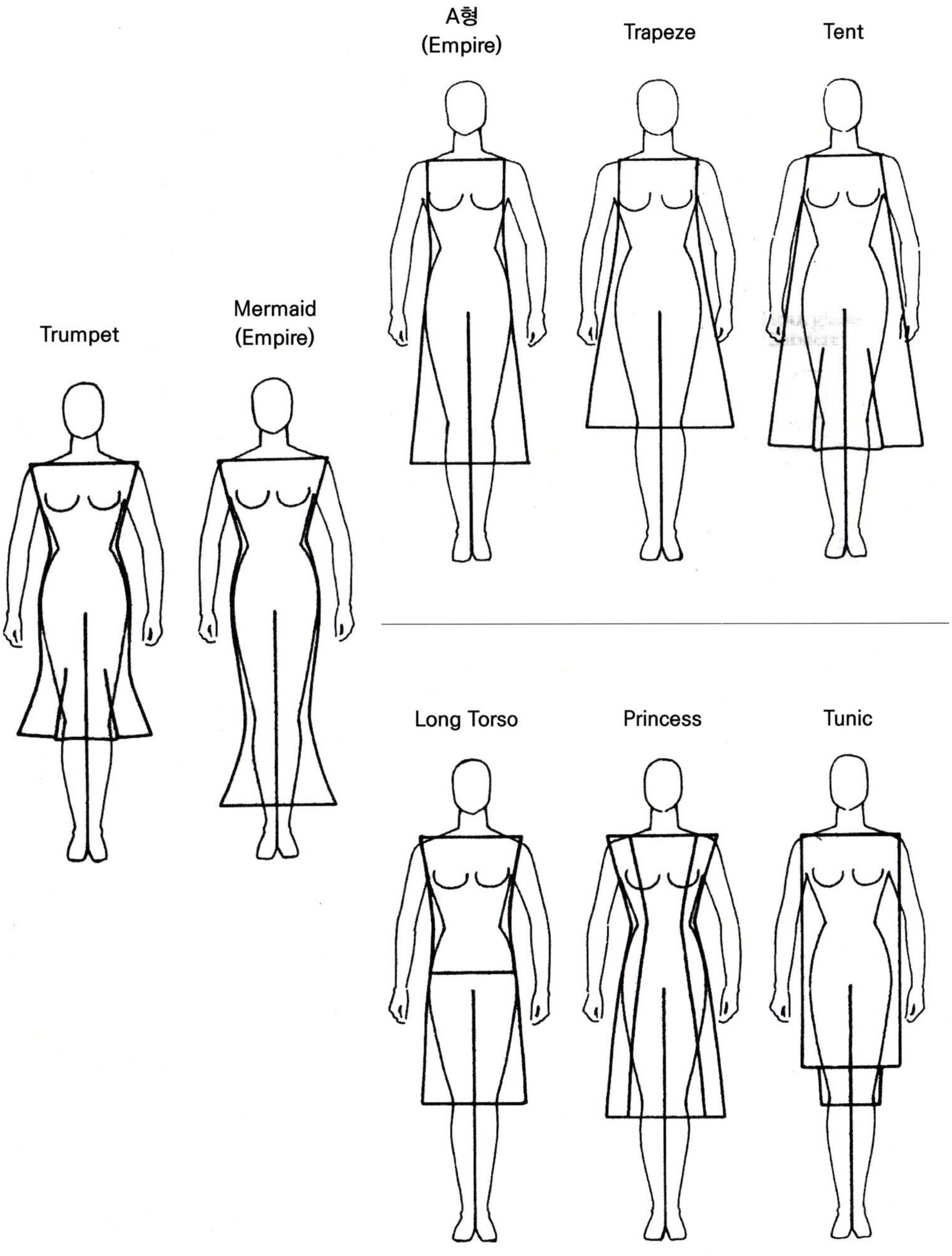
A형
(Empire)
Trapeze
Tent
Trumpet
Mermaid
(Empire)
Long Torso
Princess
Tunic

드레스 실루엣 Ⅱ

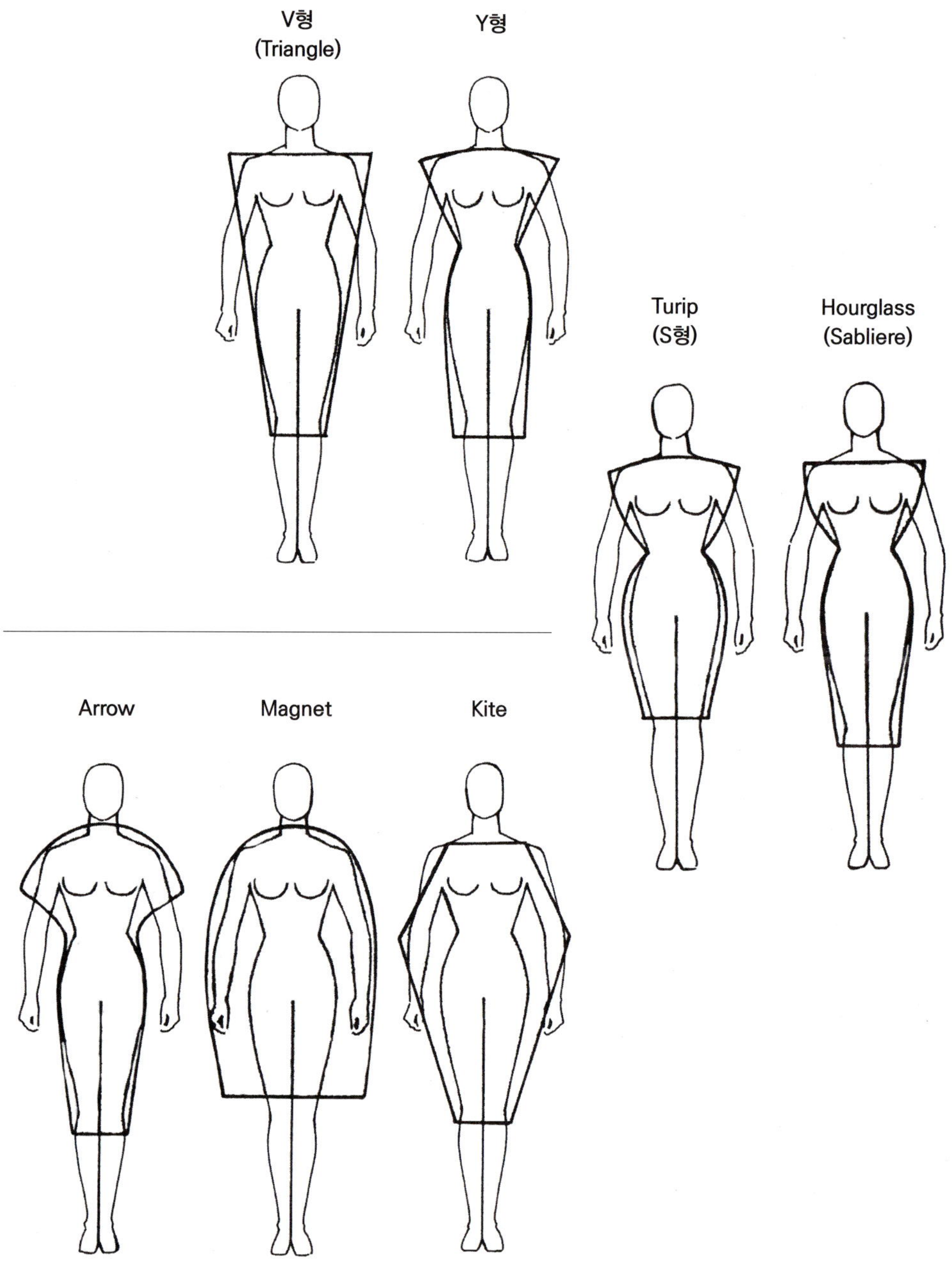
V형
(Triangle)
Y형
Turip
(S형)
Hourglass
(Sabliere)
Arrow
Magnet
Kite

드레스 실루엣 Ⅲ

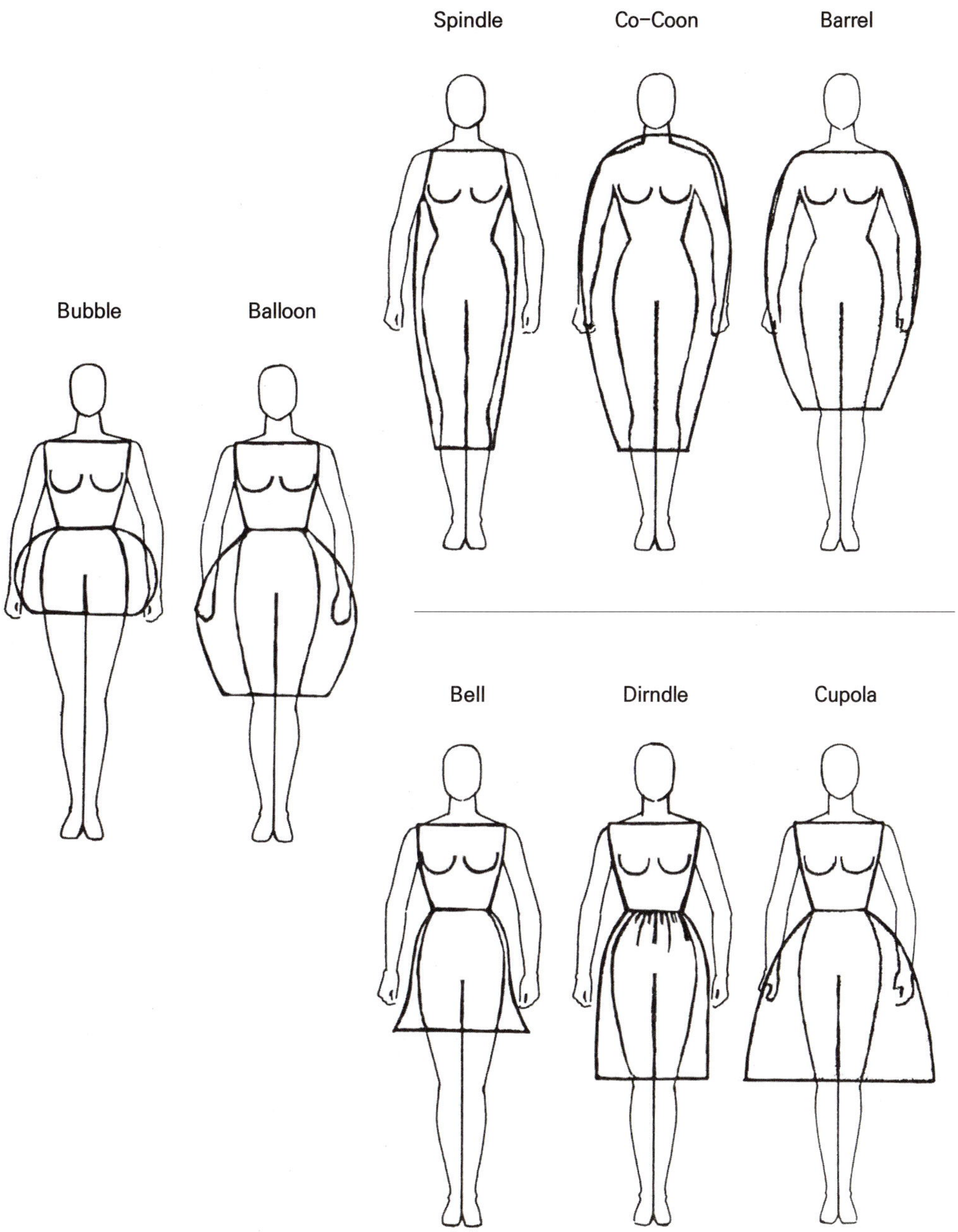

드레스 실루엣 IV

9) 코트 Coat

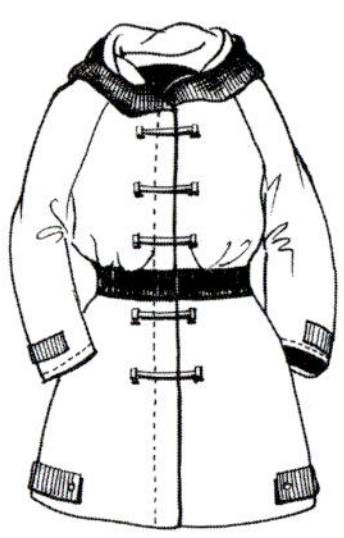
더블 코트

동키 코트

래글런 코트

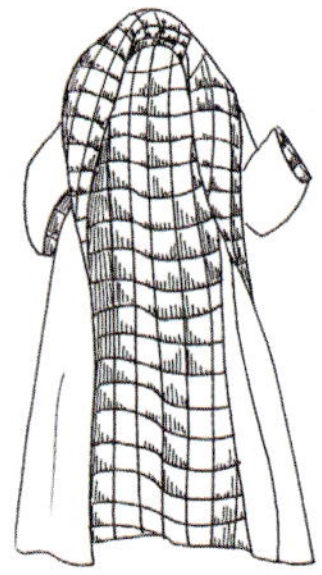
리버서블 코트

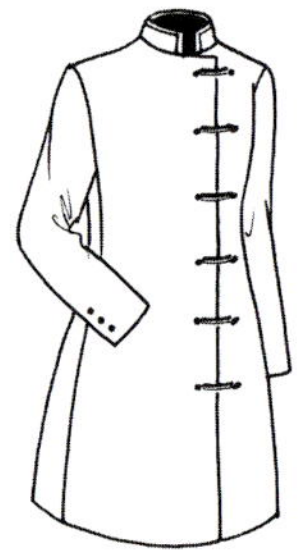
만다린 코트

박스 코트

배럴 코트

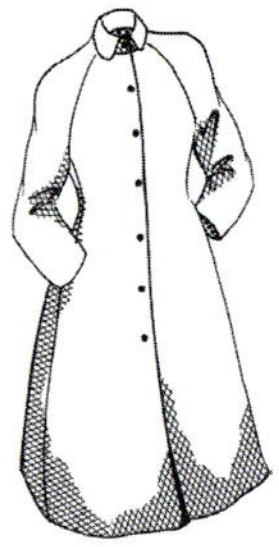
밸머칸 코트

카 코트

코치먼 코트

토퍼 코트

퍼 코트

프린세스 코트

피 코트

핀치 백 코트

클레리컬 코트

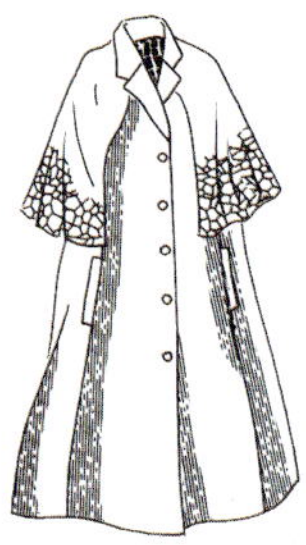
인버니스 코트

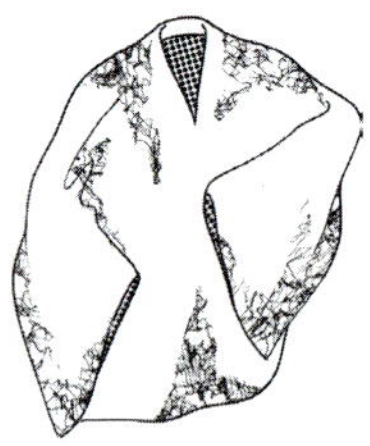
판초 코트

케이프 코트

쿨리 코트

2. 액세서리 종류별 패션스타일

1) 모자 Hat

가르보 해트

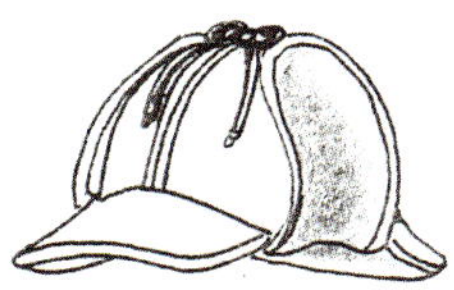
디어 스토커

레인 해트

보터 해트

보닛

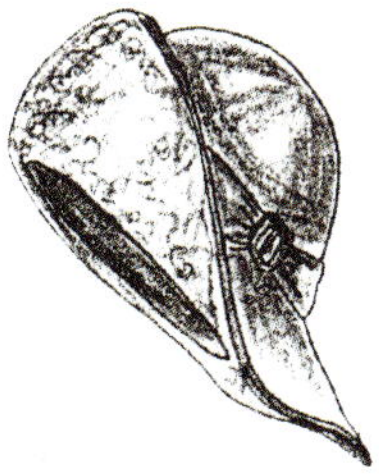
브르통

베이스볼 캡

실크 해트

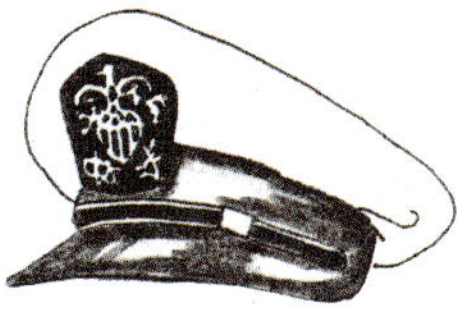
머린 캡

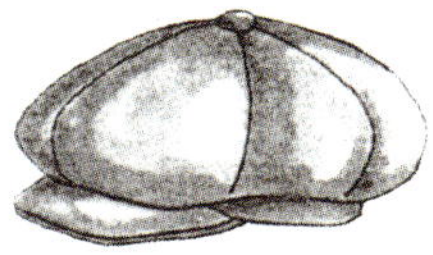
모즈

베레

사파리 해트

선바이저

세일러 캡

아이비 캡

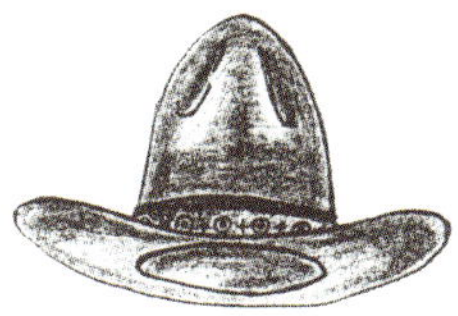
솜브레로

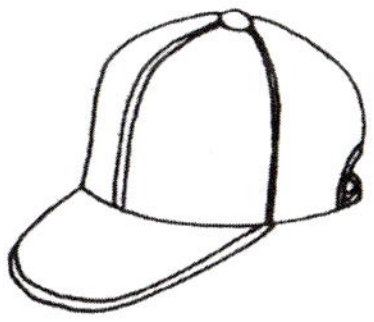
아폴로 캡

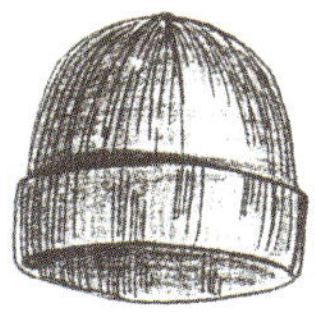
워치 캡

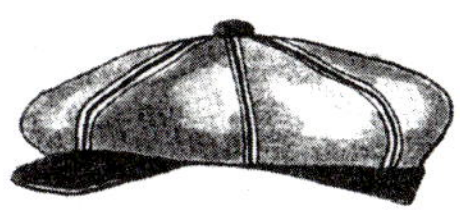
카스케트

클로슈

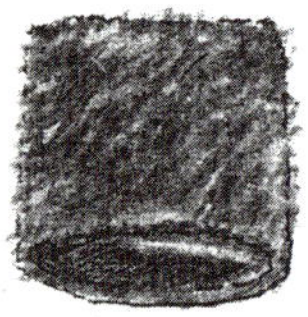

코사크 캡

탐 또는 태머섄터

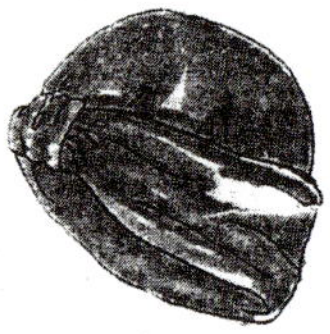

터번

텐 갤런 해트

터프 해트

토크

토피

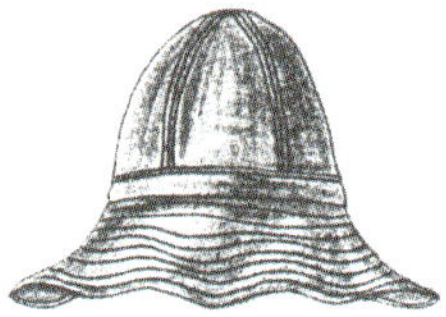

튤립 해트

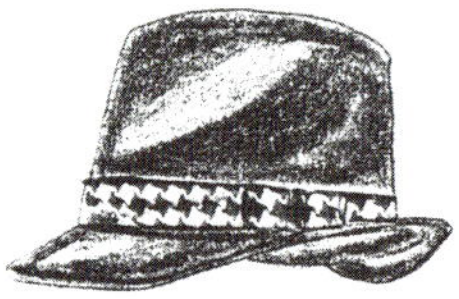

트레몬트 해트

티롤리안 해트

파나마 해트

플로피 해트

2) 신발 Shoes

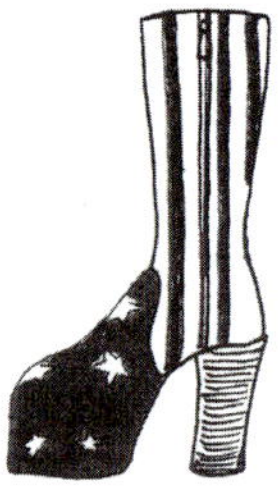

런던 부츠

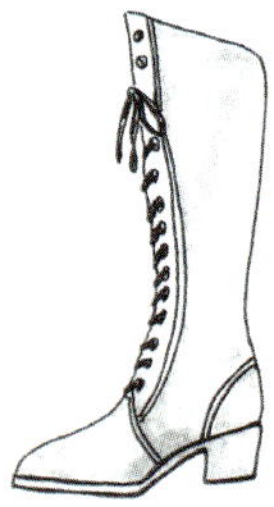

레이스업 부츠

배기 부츠

엔지니어 부츠

머클럭 부츠

메인 헌팅 슈즈

버튼 부츠

사이드 고어 부츠

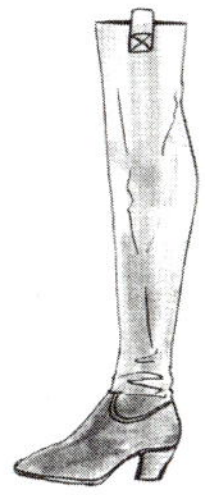
스타킹 부츠

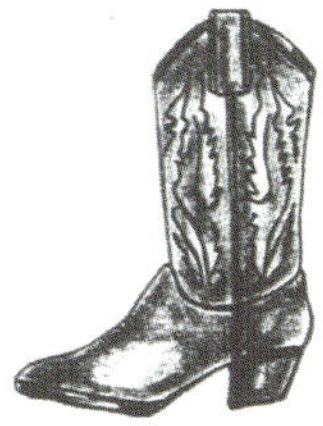
웨스턴 부츠

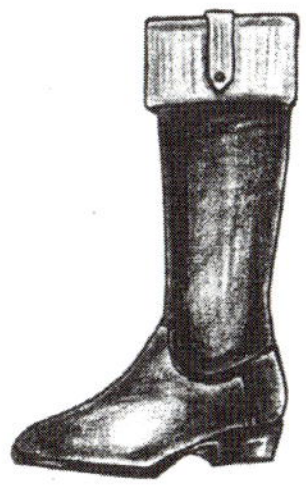
톱 부츠

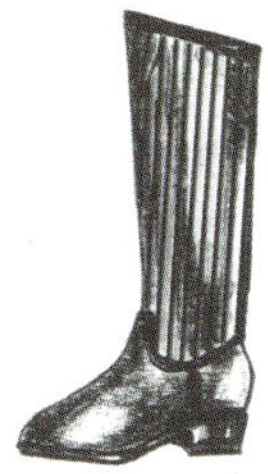
웰링턴 부츠

워커 부츠

조드퍼즈 부츠

처커 부츠

바스켓 볼 슈즈

헵번 샌들

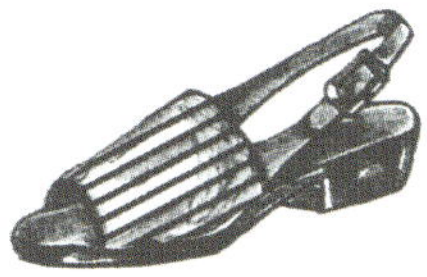
우라치

샌드 슈즈

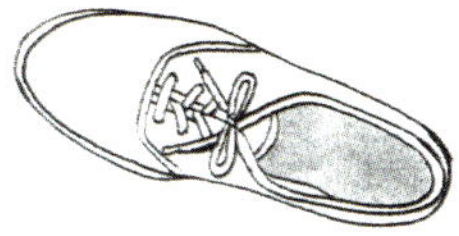
캔버스 덱 슈즈

도빌 샌들

뮬

사보

덱 모카신

인디언 모카신

킬트 태슬 슈즈

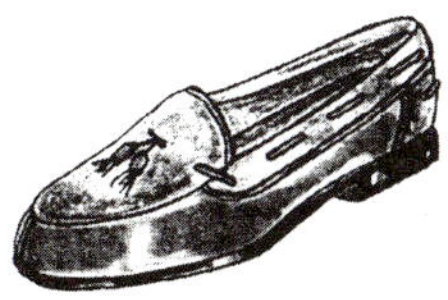
태슬 슈즈

티롤리안 슈즈

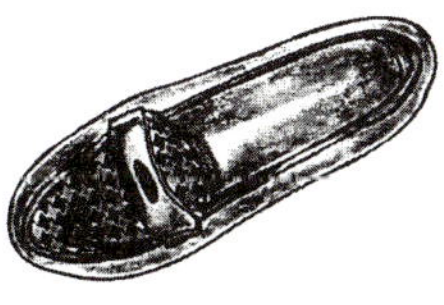
페니 로퍼즈

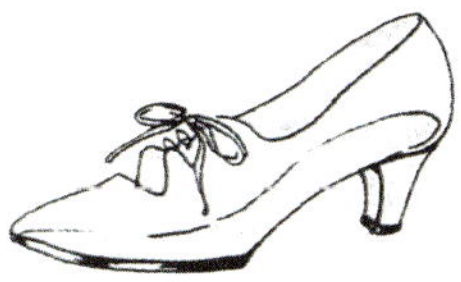
길리

백 앤드 사이드 오픈

사이드 오픈

샤넬 펌프스

앵클 스트랩 슈즈

오픈 백

오픈 토

원스트랩

원 포인트 슈즈

T 스트랩

크로스 스트랩

플랫 슈즈

토 슈즈

차이나 슈즈

멍크 스트랩 슈즈

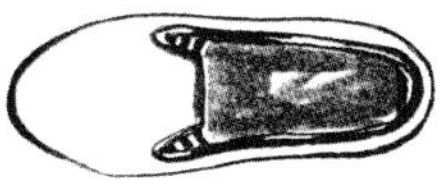
사이드 고어 슬립온

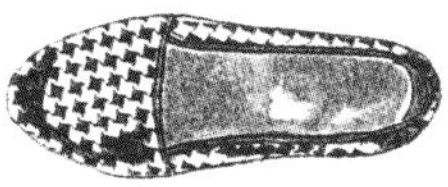
에스파드리유

스톰 러버스

오페라 슬리퍼

일래스틱 사이즈 복서 톱

버블토 슈즈

블루처 슈즈

새들 슈즈

스트레이트 팁 슈즈

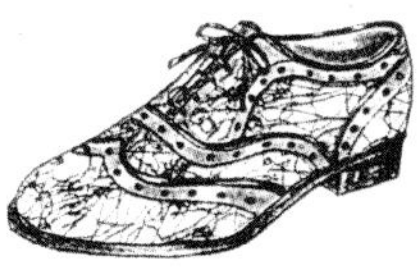
스펙테이터 슈즈

윙클피커스 슈즈

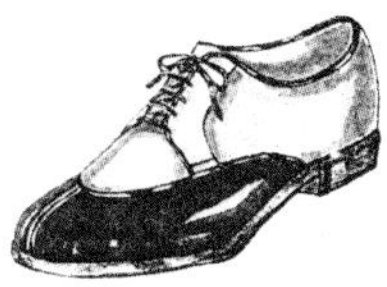
U 팁 슈즈

킬티 텅 슈즈

플레인 토 슈즈

화이트 벅스 슈즈

테니스 슈즈

트레킹 슈즈

하이 테크
스포츠 슈즈

3) 백 Bag

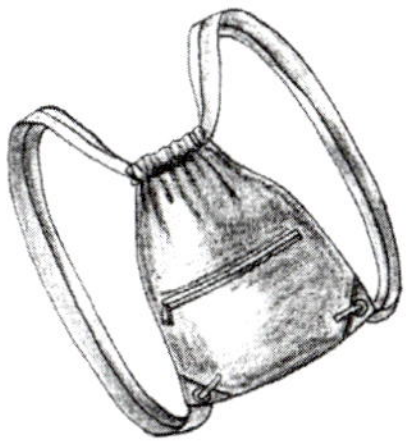
냅색

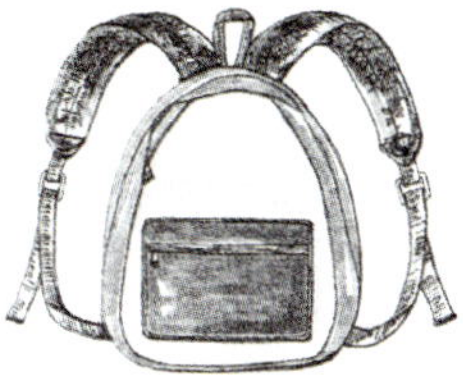
데이 팩

리세

샤넬 백

새철 백

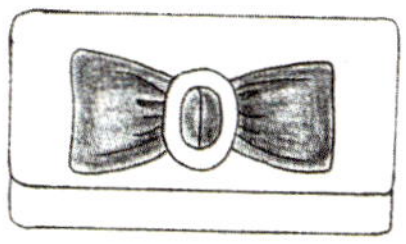
칵테일 백

스트로 백

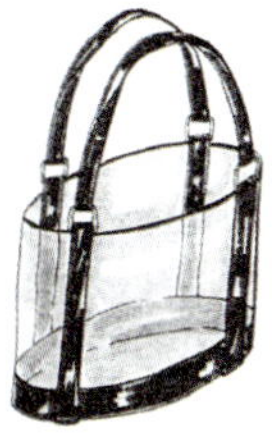
시스루 백

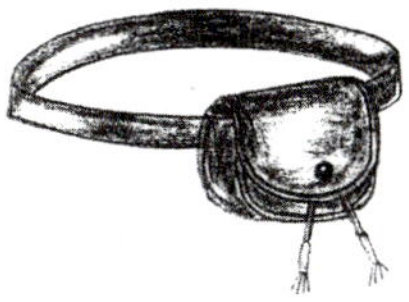
벨트 파우치

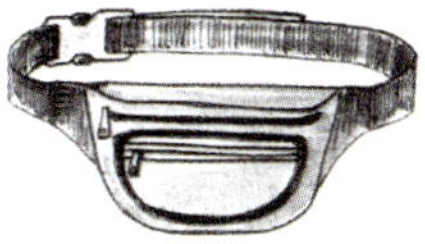
웨이스트 백

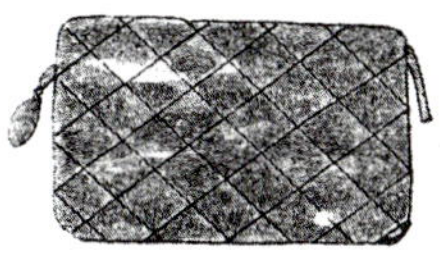
세컨드 백

캐비아 백

오버나이트 백

배럴 백

버킷 타입 백

머니 파우치

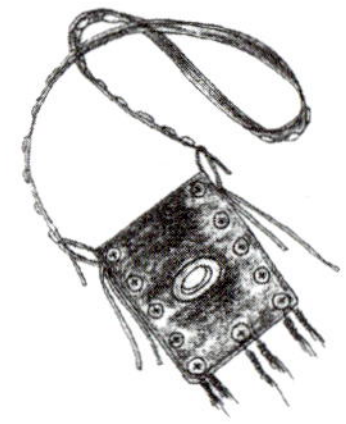
메디신 백

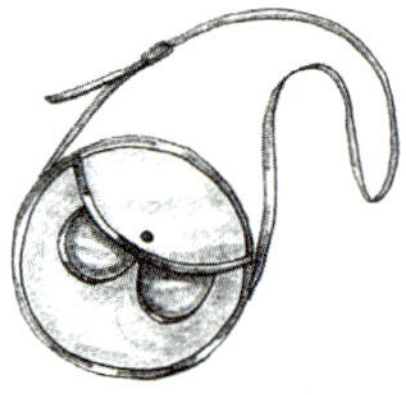
해트박스

숄더 백

배니티 백

닥터스 백

댈라스 백

듀랄루민

바스켓 백

박스 백

보스턴 백

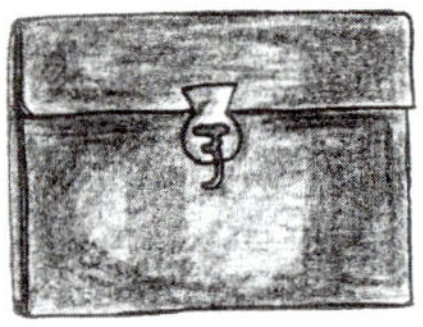
브리프 케이스

비즈니스 백

슈트 케이스

아타셰 케이스

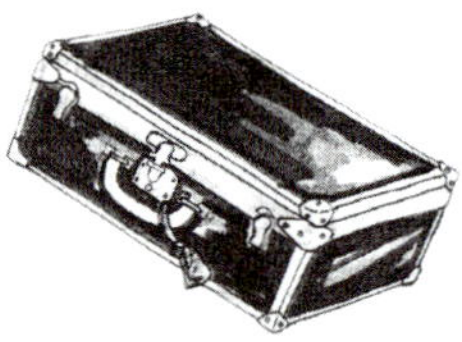
트렁크

4) 벨트 Belt

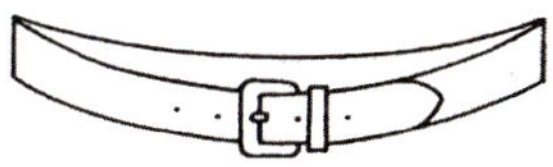
커브 벨트

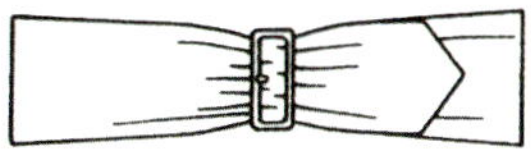
새시 벨트

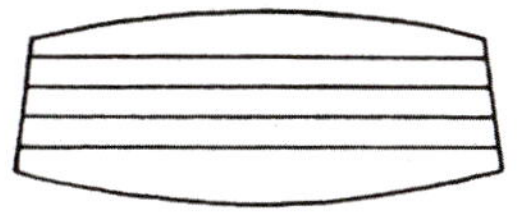
커머번드

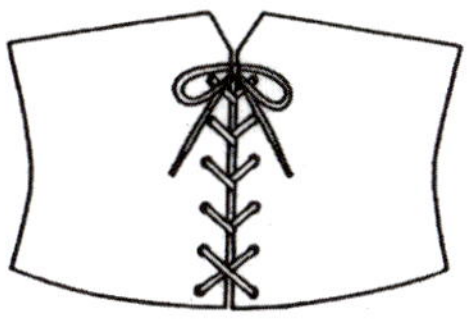
코르셋 벨트

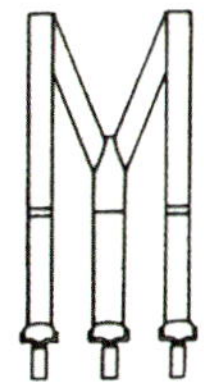
서스펜더 벨트

체인 벨트

5) 장갑 Gloves

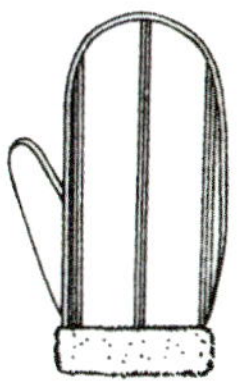
미튼

하프 미트

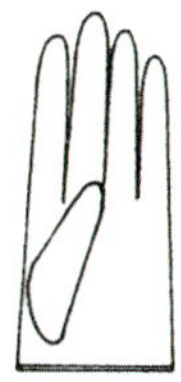
쇼티

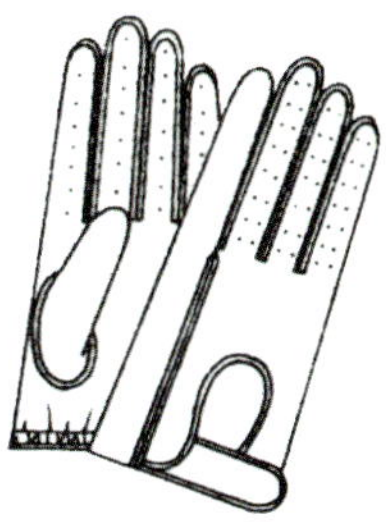
글러브

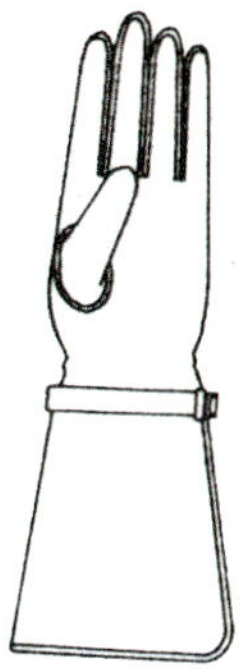
건틀릿

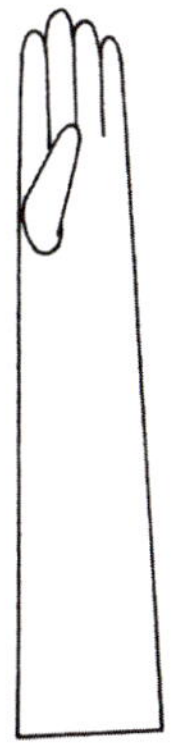
암 렝스

3. 의복의 소재

소재에서 중요시되는 것은 그 소재가 가지고 있는 느낌, 즉 텍스쳐이다. 이것은 시각과 촉감에 의해서 좌우되며 소재의 선택이 중요한 것은 실루엣을 표현하는데 적절한 느낌을 가진 것이어야 하며 하나의 디자인에 있어서 다른 소재를 사용함으로써 흥미롭고 변화 있는 느낌을 나타낼 수 있다. 복식의 소재는 복식의 용도나 기능에 따라 그 종류가 다양하다. 일반적으로 직물, 니트, 부직포 등으로 분류되나 가장 대표적인 것은 직물이다.

1) 면과 마 Cotton&Linen

목면이나 마는 천연섬유 중에서 식물성 섬유로 여름철에 가장 널리 애용되고 있다. 최근에는 소재 개발기술의 향상으로 계절에 구분 없이 사용할 수 있는 새로운 느낌을 주는 목면이나 마가 개발되고 있다.

목면이나 마는 땀을 잘 흡수하고 시원하며, 촉감이 좋고 열과 마찰에 강해 다림질이 가능하며 올이 풀리지 않고 비교적 값이 싸고 손쉽게 구입할 수 있어 실용적이라는 장점이 있다. 한편 신축성이 약하고 세탁으로 줄어들기 쉬우며 구김이 잘 가는 단점도 있으므로 주의하여야 한다.

평상복을 비롯하여 특히 스포츠 웨어의 소재로 애용되고 있으며, 요즈음은 포멜웨어에 이르기까지 폭넓은 아이템이 전개되고 있다. 특히 소비자들의 천연소재 선호 경향으로 인하여 광범위하게 활용되고 있는 소재이다.

2) 견직물 Silk

견직물은 우아한 광택과 부드러운 촉감 및 탄력성과 흡습성이 돋보이는 직물이며 내열성과 보온성이 좋으며 쉽게 오염되지 않는 장점과 알칼리에 약하며 물에 닿으면 빳빳해지고 얼룩이 잘지는 단점도 있다.

견직물에도 두께나 조직에 따라 여러 가지가 있으며 그 용도도 다양하다. 면직물에 비하여 값이 비싼 편이며 관리가 까다로운 편이라 외출복 및 포멀웨어로서 이용되거나 스커트, 블라우스 등의 대체로 고가의 소품에 많이 이용된다. 일반적으로 다음과 같은 점에 유의하여야 한다.

① 가장 우아한 소재이므로 여성미를 최대한으로 살릴 수 있는 색상 및 디테일을 선정하는 것이 효과적이다.

② 값이 비싸므로 옷의 용도에 맞도록 경제성에 유념하여야 한다.

③ 관리가 까다로우므로 착용 및 세탁에 특히 주의를 요한다.

천연소재인 견직물의 선호경향으로 인하여 화학섬유를 비롯하여 코튼이나 울로서도 실크라이크(Silklike) 터치의 새로운 소재를 개발하여 활용하는 경우가 많아지고 있다.

3) 모직물 Wool

모직물은 따뜻하고 탄력성이 풍부하며, 구김살이 덜 가고 촉감이 좋으며 무게가 가볍고 산성에 강한 편이다. 봉제하기에도 비교적 편한 직물로서 종류도 다양하다. 반면에 알칼리성에 약하고 방충이 잘 안되며 누런색으로 변하기 쉬운 단점이 있다. 실의 종류, 조직, 선염·후염 및 프린트 등에 따라 다양한 외관을 지니고 있으며 실용적이면서도 친근감을 준다.

경제적인 면에서도 싼 것에서 고가의 모직물에 이르기까지 그 폭이 다양하나 관리상 비벼 빨면 수축하는 결점이 있어서 세탁이 다소 까다로운 편이다. 전개할 수 있는 아이템이 다양하다.

4) 화학섬유 Synthetic Fibers

화학섬유는 개발 자체의 목적이 천연섬유의 장점을 취하고 단점을 보완하는 데 있기 때문에 질기고 가벼우며 세탁과 관리가 용이해서 실용적이며 경제적이다. 또한 화학섬유는 아주 얇은 것에서부터 두꺼운 것에 이르기까지 그 종류가 다양하며 조직의 변화도 대단히 넓다.

최근에는 실크나 코튼 등 천연소재와의 교직이나 혼방으로 천연 소재가 지닌 장점을 커버함으로써 그 활용도가 높아지고 있다. 화학섬유는 그 경제과 실용성 때문에 아동복에서부터 작업복, 운동복, 평상복 등에 이르기까지 사용범위가 광범해지고 있고, 제조방법에 따라 재생, 반합성, 합성 섬유, 무기 섬유로 나누어진다.

① 침착하고 친근감을 주는 소재이므로 이러한 장점을 살려야 한다.
② 정장으로는 품위 있고 격조 있는 느낌을 주므로 색상, 무늬, 트리밍 등을 조화있게 선정하여야 한다.
③ 대체로 비싼 편이므로 경제성을 고려하여야 한다.

모직물이 역시 천연소재와 유사한 느낌을 낸 합성섬유나 혼방직의 개발이 활발하며 그 활용도도 높아지고 있다.

- 합성섬유
  - 재생섬유
    - 섬유소계 – 비스코스레이온, 큐프라
    - 단백질계 – 카세인섬유, 제인섬유
    - 기타 – 천연고무, 알긴섬유
  - 반합성섬유
    - 섬유소계 – 아세테이트, 트리아세테이트
    - 기타 – 고무섬유
  - 합성섬유
    - 폴리아미드섬유 – 나일론
    - 폴리에스테르섬유 – 테트론(일), 테릴렌(미)
    - 폴리아크릴로니트릴섬유 – 엑슬란(일), 올론(미)
    - 폴리비닐알코올섬유 – 비닐론(일), 비날(미)
    - 폴리염화비닐섬유 – 테비론(일), 비니온(일)
    - 폴리염화비닐리덴섬유 – 사란(일), 베론(미)
    - 폴리에틸렌섬유 – 리본(미), 위넨(미)
    - 폴리프로필렌섬유 – 파이렌(미), 메리크론(미)
    - 폴리우레탄섬유 – 스판덱스(일), 라이크라(미)
    - 폴리사불화에틸렌섬유 – 테프론(미)
    - 기타
  - 무기섬유 —— 유리섬유, 금속섬유, 탄소섬유, 암면섬유

합성섬유의 종류

5) 가죽 Leather

가죽은 자연 재료로써 통기성이 있으며 기후에 적응이 잘되고 보온성이 좋으며 염색이 잘 되고 내구성이 뛰어난 장점과 곰팡이에 약하고 습기에 잘 늘어나고 건조하며 줄어드는 단점이 있다. 가죽의 종류나 취급 방법에 따라서는 드레시한 느낌의 의류에도 사용할 수 있는가 하면 스포티한 의류에도 사용되는 비교적 실용적인 소재이다.

복식디자인에서 사용하는 대표적인 가죽은 산양가죽, 어린 소가죽, 중간소가죽, 황소 가죽, 말가죽 등이며, 그 외에 사슴, 캥거루, 노루 등의 가죽이 있고 비로드와 같은 느낌의 스웨이드 등이 있다. 이러한 가죽들은 크기와 표면은 두께, 질감 등이 일반 직물과 같이 일정하지 않으므로 절개선을 요령 있게 넣는 것이 디자인 포인트로, 스티치로서 이음선을 커버하는 디자인 라인이 되도록 하는 것이 기술이다. 그러나 절개선이 여러 겹으로 겹쳐지면 봉제시에 문제가 되므로 주의하여야 한다.

6) 모피 Fur

모피는 인류의 피복재료 중 가장 오래된 재료로써 그 가치는 유행이나 사용하는 민족의 환경과 습관에 따라 다르다, 모피는 일반적으로 고급스럽고 호화롭고 따뜻한 느낌을 준다. 겨울철 의류의 칼라, 커프스, 모자 등에 부분적으로 이용되는 경우가 많으며 주로 코트, 하프코트, 쇼올 등으로 애용되고 있다.

모피의 디자인은 다음과 같은 점에 유의하여야 한다.

① 실루엣의 변화를 가급적으로 삼가고 자연스러운 원형을 그대로 살린 클래식한 분위기로 디자인하여 오랫동안 무난하게 입을 수 있도록 한다.

② 모피의 색상이나 결을 그대로 이용하여 그 자체가 디자인의 포인트가 되도록 하는 것이 효과적이다.

7) 부직포 Felt

섬유를 제직, 편성, 축융 등의 방법을 거치지 않고 접착제, 융용섬유 또는 기계적인 방법에 의해 시트상으로 접착한 것을 부직포(Non-Woven Fabrics)라고 하며, 부직포는 실을 거치지 않고 불규칙하게 배열된 섬유를 접착한 것이므로 직·편물과는 다른 독특한 특성이 있다.

부직포는 일반적으로 가볍고 주름이 잘 생기지 않으며, 방향성이 없고 치수안정성이 좋다. 또한 보온성과 통기성은 좋으나 드레이프성이 부족하고, 필이 생기기 쉬우며, 인장·인열·마모강도가 작은 등의 결점도 가지고 있다.

부직포는 의류용 외에도 테이블크로스·벽지·포렴 등의 가정용품, 병원 수술복·보자·마스크·붕대 등의 의료용품, 절연재·충전재 등의 산업용으로 사용되고 있다. 의류용으로는 셔츠, 블라우스, 드레스, 에이프런 등에도 약간 사용되나, 의복 심지로서의 용도가 전 사용량의 70~80%에 이르고 있다. 심지에는 접착심지와 비접착 심지가 있고, 접착심지는 부직포의 표면에 열가소성 수지로 된 접착제를 바른 것으로, 다림질 또는 프레스에 의해 겉감과 접착하도록 만든 것이다.

8) 레이스 Lace

꼬임이나 땋는 방법 또는 편성의 원리에 의해 만들어진 투공 조직의 장식용 천을 레이스(Lace)라고 하며, 수편레이스와 기계레이스가 있다. 원래는 무늬 자체로서 천을 형성한 것을 말하지만, 일반적으로는 직물 등을 기포로 하여 구멍을 뚫거나 경·위사의 일부를 녹이거나 투환이 많은 편성물 등도 포함하여 레이스라고 부른다. 레이스는 복지로도 이용되며, 의복의 장식, 숄, 커튼, 깔개, 가방 등에도 활용된다.

4. 직물 무늬의 분류

옷감의 무늬는 의상에 있어 매우 중요한 역할을 하고, 디자인을 할 때도 반드시 고려되어야 하며, 무늬를 선택할 때는 큰 면적의 옷감을 멀리서 보고 결정하는 것이 좋다. 무늬의 종류는 크게 기하학적 무늬, 점무늬, 추상적인 무늬, 전통무늬, 자연적인 무늬가 있다.

1) 기하학적 무늬 Geometric Pattern

기하학적인 무늬는 프린트와 조직상으로 만들어지는 무늬들이 있고, 줄무늬(Stripe), 첵크 무늬(Check), 플레이드 무늬(Plaid), 사선 무늬(Twill), 자카드(Jacquard), 도비(Dobby) 등 여러 가지가 있으며, 이 무늬들도 여러 가지 무늬들로 나뉜다. 기하학적인 무늬는 디자인할 때 트리밍을 많이 넣지 않는 것이 효과적이며, 재단이나 봉제를 할 때도 무늬가 솔기에서 잘 맞추어지도록 주의해서 작업해야 한다.

(1) 조그만 기하학적 무늬

작은 크기의 줄무늬나 첵크 무늬는 보기에 무난하므로 테일러드 수트 등 클래식한 스타일의 옷과 드레스에도 사용한다.

(2) 큰 기하학적 무늬

예를 들면 큰 플레이드 무늬가 해당되며 디자인을 할 때 큰 무늬가 맞추어지는 부분을 고려하여야 하며 무늬가 크고 대담할수록 스타일은 간단하게 하는 것이 좋다.

(3) 조직상(組織上)의 줄무늬

조직상에 줄무늬가 들어간 경우는 대부분 고급스러워 보이거나 상대적으로 무난해 보인다. 그러므로 고급스러워 보이는 드레스나 평상복의 소재로 사용할 수 있다.

2) 전통무늬 Conventional Pattern

전통무늬는 각 민족의 전통적인 문화와 감정이 표현된 민속적인 무늬로서, 자연의 여러 가지 주제들이 기하학적으로 배치된 무늬이다. 조직상으로 들어간 무늬는 브로케이드(Brocade)가 있으며 특히 금속사와 같이 짠 전통무늬의 브로케이드는 매우 화려해 보이므로 화려한 이미지의 의상 디자인에 활용할 수 있다.

또한 자카드 공정에 의해 짜여진 전통무늬는 브로케이드에 비해 덜 화려하므로 상대적으로 실용적인 디자인의 옷에 적합하다. 그 외에, 프린트된 전통무늬는 주로 목면(木棉)의 소재에 사용되며 여름용 옷이나 파자마, 스카프나 넥타이의 디자인에 활용하며 기하학적인 전통무늬는 단순한 형태이므로 평상복이나 남성의 셔츠에 사용한다.

3) 자연적인 무늬 Naturalistic Pattern

다양한 자연의 주제들로 만들어진 무늬이며 크게 식물의 주제와 동물의 주제로 나뉠 수 있다. 자연적인 무늬의 소재로 디자인할 때는 프린트된 방향과 크기, 반복성 등 여러 가지를 고려하여야 한다.

규칙적으로 배열된 작은 크기의 꽃무늬는 무난하므로 실용성이 좋으며, 대담한 색의 큰 무늬는 강하고 매력적인 이미지로 보이고자 할 때 좋으며 자유롭게 배열된 꽃무늬는 시원하거나 부드럽게 보이므로 발랄한 이미지의 드레스나 여성적인 드레스에 어울린다.

그리고 중년 이상의 나이든 계층에게 정장이나 예복으로 적합한 꽃무늬는 윤곽선이 불확실하게 디자인된 부드러운 이미지의 무늬이며, 사실적인 꽃무늬를 세련되게 승화시킨 전통무늬에 가까운 페이즐리 무늬는 여러 가지의 색과 형태가 결합된 것이기 때문에 정장과 캐주얼 웨어(Casual Wear), 액세서리 등 활용 범위가 넓다. 그 외에 호랑이 무늬나 표범 무늬, 얼룩말 무늬 등의 동물무늬는 대담하고 야성적인 이미지를 나타내고자 할 때 좋다.

4) 점무늬 Dot and Spot Pattern

자연적인 형태가 매우 단순하게 되어 비사실적인 무늬로 되어서 기하학적인 형식으로 배치한 것을 말한다. 점의 크기가 크고, 명암이 강하며 무늬간의 간격이 넓고 점과 바탕색의 명암차가 클 때 무늬가 이미지가 강하게 나타나며, 무난한 이미지를 나타내고자 할 때는 이와 반대의 무늬를 선택하는 것이 좋다.

원래의 점 모양의 무늬가 가장 많이 사용되며, 경쾌한 이미지를 나타내며 작은 점 무늬는 비교적 부드러운 이미지를 나타내는 옷에 적합하고 큰 점무늬는 대담한 이미지에 좋다. 그 외에 기하학적인 형태의 점무늬는 순수한 점무늬보다 비교적 딱딱한 라인의 의상에 어울리고, 꽃 모양으로 된 점무늬는 귀여운 이미지의 옷을 디자인할 때 적당하다.

5) 추상적인 무늬 Abstract Pattern

자연적인 무늬가 사실적인 형태인데 비해 추상무늬는 사실적이지 않고 자유스러운 형태와 선으로 구성된 무늬이다. 완전히 추상적인 형태의 무늬가 있고, 기하학적인 무늬, 전통무늬, 자연적인 무늬, 점무늬 등이 추상적으로 디자인된 무늬가 있으며 완전히 추상적인 형태의 무늬의 소재로 디자인할 때는 무늬의 크기와 색을 중요하게 고려하여야 하며, 후자의 경우는 원래의 무늬 이미지를 고려하여 디자인하는 것이 좋다. 추상적인 무늬도 무늬의 크기가 크면 대담한 이미지를 나타내고 무늬의 크기가 작으면 조용한 이미지를 표현할 수 있다.

chapter 06

Worksheet

1. 의복의 소재

(1) 면
(2) 마
(3) 나일론
(4) 오간자
(5) 소모
(6) 방모
(7) 트위드
(8) 헤링본
(9) 레이온
(10) 벨벳
(11) 인조가죽
(12) 부직포
(13) 펠트
(14) 레이스
(15) 쉬폰
(16) 실크

2. 직물 무늬의 분류

1) 기하학적 무늬

(1) 줄무늬
(2) 체크무늬
① 하운드 투스 체크
② 타탄 체크
(3) 사선무늬
(4) 쟈카드

2) 전통무늬

3) 자연적인 무늬

(1) 꽃무늬
(2) 페이즐리 무늬
(3) 동물무늬

4) 점무늬

5) 추상적인 무늬

- 의복의 소재나 직물의 무늬 종류를 10가지 이상 찾아보시오.

CHAPTER

07

헤어 & 메이크업 스타일링

1. 헤어
2. 메이크업

· Worksheet

CHAPTER 7

헤어 & 메이크업 스타일링

1. 헤어

1) 헤어 이미지 메이킹

(1) 이미지 메이킹

이미지 메이킹이란 첫 대면에서 어떤 정보들을 통해 그 사람에 대한 초보적인 지식을 획득하도록 하는 것으로서 사람들은 전혀 모르는 사람에 대해서도 최소한의 정보를 갖고 일관성 있는 인상을 형성한다.

이미지 메이킹의 과정에 관한 연구의 핵심은 타인에 의해 제시되는 단편적인 여러 정보들이 어떻게 하나로 묶어져서 그에 대한 전반적인 인상으로 통합되는가 하는 문제이다. 인상형성 과정에 관한 대표적인 이론은 형태주의 이론(Gestalt Theory)이다. 형태주의적 접근의 대표적인 학자인 Asch는 낱개의 여러 정보들의 의미가 고정된 것들이 아니라 그 정보가 주어지는 맥락에 의해 정해진다고 보았다. 즉, 한 정보는 다른 정보와의 관련성에 따라 그 의미가 변한다고 보며 그런 의미에서 이 접근을 형태적 접근 또는 인지적 접근이라고도 한다.

이 접근의 연구로는 중심특질, 제시순서효과, 배경효과에 관한 이론들이 있다. 중심특질이란 '따스하다, 차다'라는 형용사가 중심특질로 부각되어 이것을 중심으로 대상인물에 대한 전반적인 인상이 형성되고, 그 밖의 형용사는 주변특질이 되어 중심특질과 일치하는 방향으로 그 의미가 변화되어 최종 인상이 형성된다는 것을 말한다.

제시순서효과란 정보가 주어진 순서에 따라 그 효과가 다르다는 것이다. 즉 긍정적 또는 부정적 정보 중에서 어느 것을 먼저, 또는 나중에 제시하는가에 따라서 인상에 주는 영향이 다르다는 주장이다. 순서효과에는 초두효과와 최신효과가 있다.

또한 배경효과란 다른 사람에 대한 제한된 소수의 정보만을 가지고 그를 판단하게 되는데, 이때 그를 만났던 장소와 배경, 즉 맥락(Context)이 영향을 미칠 수 있다는 것이다.

(2) 얼굴과 이미지 메이킹

신체의 부위 중 얼굴은 다른 사람이 바라보는 첫 번째 신체적 특성으로 타인들과의 대면 상황에서 자연스럽게 흥미의 초점이 되고, 그 형태적 특성에 따라 다른 인상을 전달하게 된다. 모델의 얼굴이 매력적일수록 외모, 능력과 인상에서 더 긍정적인 평가를 받게 되며, 동일한 의복이라도 매력적인 모델이 착용한 경우에는 보다 더 상위직으로 추론되는 경향이 있다.

(3) 헤어스타일과 이미지 메이킹

헤어스타일이란 머리형이나 머리형태, 머리풍을 말하는 것으로 헤어 두(Hair Do)라고도 하며, 프랑스어의 꼬아퓨르(Coiffure)에 해당한다. 일반적으로 짧은 머리의 남성은 지적이고 도덕적이며 적응력이 높은 것으로 생각되며, 짧은 머리의 남성을 선호하는 여성은 보수적이며, 긴 머리의 남성을 선호하는 여성은 보다 진보적이다. 이와 같이 성격과 헤어스타일간에는 상관성이 있다.

또한 직모는 수수하고 자연스럽고 청순한 이미지를 주고 컬은 부드럽고 성숙한 이미지를 주며 짧은 머리는 도시적이고 남성적이며 중간머리는 개성없이 평범하며, 긴 머리는 여성스럽고 부드러운 이미지를 준다. 앞머리를 내린 경우는 소녀적 이미지를 주고 앞머리를 넘긴 경우는 발랄하며, 가르마가 없는 경우는 자연스러운 이미지를 준다. 또한 머리가 길면 호의적이고 품위 있게 보이며, 머리가 짧으면 세련되고 개성적으로 보인다.

2) 헤어 이미지 메이킹 시 고려사항

헤어 이미지 메이킹 시에는 지켜야 할 고려사항이 있다. 이들 원칙을 이해함으로써 보다 나은 이미지 메이킹을 연출할 수 있다. 이때 중요한 헤어디자인의 5가지 원칙은 비율(Proportion), 균형(Balance), 리듬(Rhythm), 강조(Emphasis), 그리고 조화(Harmony)이다.

(1) 비율 Proportion

비율은 사물들의 크기에 비례한 사물간의 관계이다. 아주 작은 턱과 아주 넓은 이마를 가진 사람은 비율에 맞지 않는 얼굴을 가진 것이다. 즉, 얼굴, 머리, 몸의 비율을 고려하여 헤어스타일을 디자인하여야 고객에게 만족감을 줄 수 있다. 올바른 헤어스타일은 적당한 비율로 착시를 주는 것이다.

① 이상적인 비율

그리스 사람들은 예술디자인을 위한 가장 조화로운 비율로서 2:3 비율을 개발했다. 이것은 헤어스타일 디자인에서도 마찬가지로 적용된다. 이상적인 비율은 얼굴 3, 모발 2 또는 모발 3, 얼굴이 2인 비율이다.

모발 3, 얼굴 2인 비율은 얼굴모양을 작게 보이게 함으로, 피부에 잡티가 있거나 피부에 자신이 없는 고객들로 얼굴의 관심을 끄는데 주저하는 고객들에 사용한다. 얼굴 3, 머리 2 비율은 고객이 자신들의 용모에 만족하거나 관심을 얼굴 쪽으로 돌리고 싶어할 때 더 적합하다.

머리3 : 얼굴 2의 비율

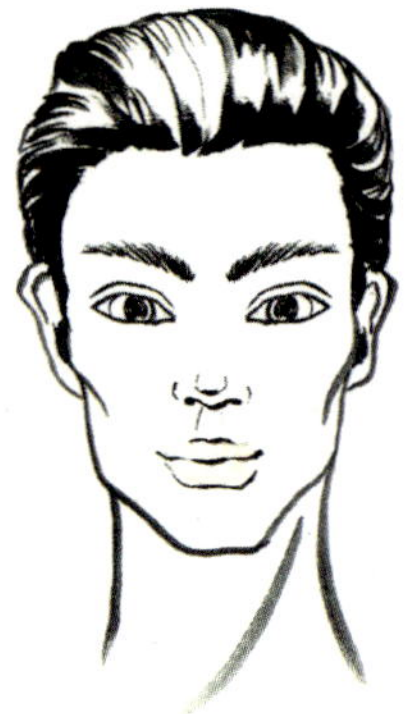

머리2 : 얼굴 3의 비율

② 옆얼굴에서의 머리 비율

얼굴 2대 머리 3의 비율을 사용할 때는 옆얼굴에도 이 비율이 적용되어야 한다. 또한 약간의 변형이 필요할 때는 머리 5대 얼굴 2의 비율로 한다면 자연스럽다.

머리 5 : 얼굴 2의 비율

(2) 균형 Balance

균형은 머리의 조화로운 배열이다. 균형은 좌우 대칭적이거나 비대칭적일 수 있다. 대칭을 측정하기 위해서 얼굴을 4등분하여 두 선이 만나는 곳을 중심축으로 하여 헤어디자인의 균형을 판단한다.

① 대칭 균형 Symmetrical Balance

헤어스타일의 양쪽이 중심으로부터 같은 거리, 같은 길이이고, 중심에서 보았을 때 같은 볼륨을 가진다.

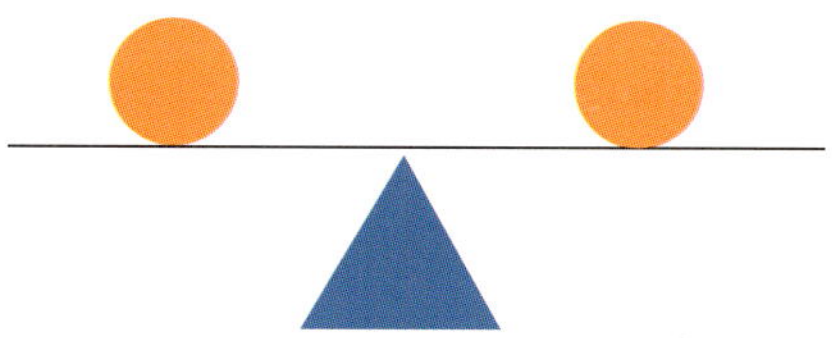

기하학적 대칭

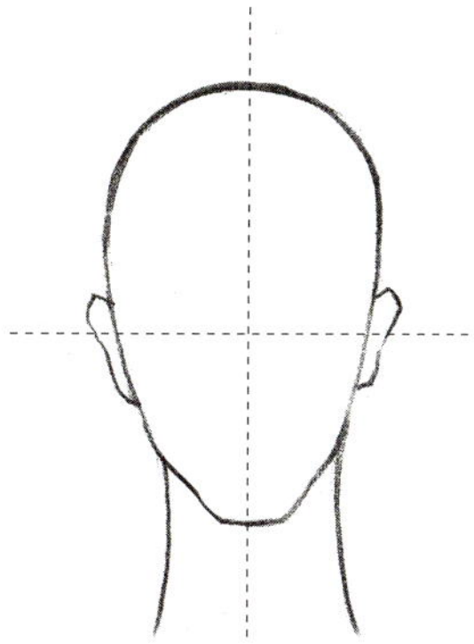

머리의 대칭 측정

대칭균형

② 비대칭 균형 Asymmetrical Balance

마주보는 헤어스타일이 다른 길이 혹은 다른 볼륨을 갖고 있다. 균형을 창조하기 위해서는 커다란 쪽이 중심에 더 가까이 와야하고, 작은 쪽이 중심에서 멀어져야 한다. 비대칭 균형은 수평적이거나 대각적일 수 있다.

업스타일에서 균형을 잡을 때는 턱에서 뒤쪽으로 정수리까지 가상의 대각선을 긋고, 헤어스타일의 강조를 정수리나 네이프 쪽에 둔다.

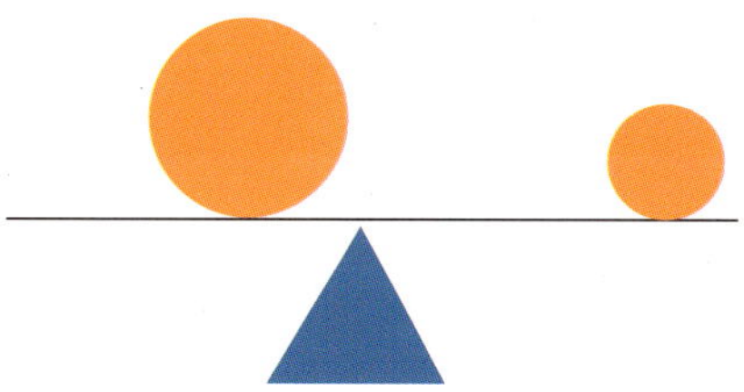

기하학적 비대칭

수평적 비대칭　　대각적 비대칭　　대각선으로 균형잡기

<비대칭 균형>

(3) 리듬 Rhythm

리듬은 헤어스타일에서 움직임을 창조하는 패턴이다. 리듬은 빠르거나 느릴 수 있다. 빠른 리듬은 컬에서 볼 수 있고, 느린 리듬은 커다란 모양이나 긴 웨이브에서 볼 수 있다. 음악처럼 리듬은 단순하거나 변화한다. 흥미로운 헤어스타일을 창조하기 위해서는 다양한 리듬들이 서로 잘 어울리게 하는 법을 배우는 게 중요하다.

① 단순한 리듬 Simple Rhythm

같은 움직임이 헤어스타일 전체를 통해 반복된다. 핑거웨이브가 좋은 예다. 이 리듬은 일의 다양성이 도입되지 않으면 지루해지는 경향이 있다.

② 점진적 확대 리듬 Increasing Rhythm

점층적으로 커지는 리듬이다.

③ 점진적 축소리듬
Decreasing Rhythm

디자인이 큰 움직임에서 시작해서 작은 것으로 감소한다.

④ 변화리듬 Alternating Rhythm

움직임 패턴이 작은데서 큰 데로 변화하거나 반대로 큰 데서 작은 데로 변화하기도 한다. 이러한 다양성이 헤어스타일에서 시각적 관심을 창조한다.

(4) 강조 Emphasis

헤어스타일에서 강조란 사람의 눈이 가장 먼저 보는 곳이다. 그 다음에 눈은 디자인의 나머지 부분으로 옮겨가게 된다. 헤어스타일이 균형이 잘 잡히고 좋은 리듬과 조화를 이루어도 디자인의 강조가 없으면 멋이 없다. 강조는 질감, 컬러, 폼의 변화, 장식물의 4가지를 사용함으로써 창조될 수 있다.

강조하고자 하는 머리나 얼굴 부위를 고르고 디자인을 단순하게 유지해야 사람들의 눈이 강조 점으로부터 스타일의 나머지 부분으로 편안하게 이동할 수 있다. 강조점을 여러개 사용할 수는 있으나 그것들의 크기나 중요성이 달라야하며 너무 많은 강조의 사용은 디자인을 너무 복잡하게 만들 수 있으니 주의해야 한다. 장식물을 사용할 때는 그것이 전체 모습에 어울려야 하며, 헤어스타일을 압도해서는 안된다.

(5) 조화 Harmony

조화는 가장 중요한 예술원칙으로 디자인의 모든 구성요소를 포함한다. 어떤 스타일이 조화롭다면 이것은 균형, 대칭, 리듬, 강조 등이 적절히 어우러져 아름다움을 주고 있는 것이다.

질감변화 강조

컬러 변화 강조

형태 변화 강조

장식품에 의한 강조

<강조>

과다 점

압도적 장신구

<지나친 강조>

3) 얼굴 형태에 따른 조화로운 헤어 스타일 이미지 메이킹

(1) 타원형 얼굴

- 얼굴윤곽

타원형 얼굴은 눈썹을 가로지르는 얼굴 너비보다 약 1.5배 반 더 길다. 이마가 턱보다 조금 더 넓다. 타원형 얼굴은 일반적으로 이상적인 얼굴형으로 인식된다. 타원형 얼굴의 윤곽과 비율은 다른 모든 얼굴형의 변형을 위한 기본을 형성한다.

타원형 얼굴을 가진 사람은 안경이나 코의 길이나 형태, 혹은 옆 얼굴 등의 다른 변수가 없다면, 어느 헤어스타일이라도 할 수가 있다.

(2) 둥근형 얼굴

- 얼굴윤곽

둥근 두발라인과 턱선을 가진 넓은 얼굴이다.

- 수정목표

얼굴을 갸름해 보이게 하도록 앞머리를 톱부분에서 끌고 와서 자연스럽게 이마선으로 내려오도록 하여 얼굴이 작아보이게 하거나 한쪽 귀를 노출시키면서 한쪽 사이드를 가리도록 할 수 있다.

(3) 사각형 얼굴

- 얼굴윤곽

직선의 헤어라인과 각진 턱선의 넓은 얼굴

- 수정목표

얼굴이 갸름해 보이도록 하며, 얼굴의 각진 부분이 보이지 않도록 한다. 사각형 얼굴의 문제점은 둥근 얼굴형과 유사하다.

이 스타일은 앞머리를 들어올리고, 관자놀이와 턱 쪽으로 머리를 당겨서 얼굴을 좁게 보이게 하고 얼굴에 부드러움을 줘야 한다. 비대칭 헤어스타일이 잘 어울린다.

(4) 삼각형 얼굴

- 얼굴윤곽

좁은 이마와 넓은 턱과 턱선의 얼굴이다.

- 수정목표

이마가 넓어 보이도록 하며 전체적으로 비교적 풍성한 헤어스타일을 만들어 이마는 부드러운 웨이브로 하여 부분적으로만 가려주고, 귀과 턱은 웨이브로 가려준다.

(5) 직사각형 얼굴

- 얼굴윤곽

길고 홀쭉한 볼을 가진 좁은 얼굴이다.

- 수정목표

얼굴의 길이가 조금 더 짧고 넓게 보이도록 하며 앞머리를 이용하여 얼굴의 길이가 짧아 보이도록 하고, 사이드는 풍성하게 하거나 밖으로 삐치는 스타일을 한다.

(6) 다이아몬드형 얼굴

- 얼굴윤곽

좁은 이마와 광대뼈 라인이 넓고 턱이 좁은 얼굴이다.

- 수정목표

광대뼈 라인의 넓이를 줄여 얼굴이 작아보이도록 하며 턱선과 이마에 모발의 볼륨이나 웨이브를 주고, 광대뼈 라인에는 모발을 얼굴에 바짝 붙여준다.

(7) 역삼각형 얼굴

- 얼굴윤곽

넓은 이마와 좁은 턱선의 얼굴이다.

- 수정목표

이마넓이를 줄이고 턱선을 넓게 보이도록 하며 이마의 넓이를 줄이기 위해서는, 앞머리로 옆쪽을 살짝 가려주는 것이 좋다. 또한 턱선에는 웨이브를 주어 부드러움과 넓이감을 준다.

4) 얼굴 부위에 따른 헤어 스타일 이미지 메이킹

(1) 안면 가로 삼분할

얼굴 모양과 비율에 대한 이해는 고객의 얼굴을 분석하여 구조적인 문제점을 바로 잡도록 하는데 도움을 줄 것이다. 이를 위해 본 장에서는 얼굴을 가로 삼분할하여 분석을 해보도록 하겠다.

① 상 안면

- 넓은 이마 : 앞머리를 내려준다.
- 좁은 이마 : 머리를 뒤로 넘긴다. 가벼운 하이라이트를 관자놀이 부위에서 사용해서 이마를 넓어보이게 할 수 있다.

안면 가로 삼분할

넓은 이마

좁은 이마

② 중 안면

- 눈 사이 간격이 좁은 경우 : 보통 길고 좁은 얼굴에서 잘 나타난다. 관자놀이 바깥으로 머리를 넘기고, 눈 주변의 머리를 약간 밝게 해주면 넓어 보이는 효과가 있다.
- 눈 사이 간격이 넓은 경우 : 보통 둥글거나 사각형 얼굴에서 발견된다. 얼굴이 길어 보이도록 머리를 세우고, 모발 색은 위보다 옆이 약간 더 어둡도록 한다.
- 비뚤어진 코 : 비대칭적인 스타일을 사용해 코에 쏠릴 관심을 다른 데로 돌릴 수 있다.
- 넓적하고 납작한 코 : 모발이 얼굴에서 멀어지게 뒤로 넘기고, 코가 길고 좁게 보이게 하기 위해 가운데 가르마를 사용한다.

눈사이 간격이 좁은 경우

눈사이 간격이 넓은 경우

비뚤어진 코

넓적하고 납작한 코

③ 하 안면

- 둥근 턱 : 턱선에 떨어지는 머리카락이 직선 라인이 되도록 한다.
- 사각 턱 : 턱선에 떨어지는 머리카락이 둥근 라인이 되도록 한다.
- 긴 턱 : 머리카락을 턱 밑으로 풍성하게 늘어뜨려야 턱에서 관심을 없앨 수 있다.

둥근턱

사각턱

긴턱

(2) 옆모습

옆모습을 분석할 때 얼굴과 마찬가지로 세 등분하는 것이 도움이 된다. 기본적으로 3가지 옆모습이 있다.

① 똑바른형

이상적 옆모습이다. 볼록하지도 오목하지도 않다. 일반적으로 모든 헤어스타일이 다 잘 어울린다.

② 볼록형

코가 나오고 턱이 들어가 있으며, 전체적으로 옆 얼굴이 바깥쪽으로 튀어나와 있다. 컬있는 앞머리를 하며, 뺨 부위의 모발을 앞쪽 방향으로 한다.

③ 오목형

턱이 나오고 코가 작으며, 전체적으로 옆 얼굴이 안쪽으로 들어가 있다. 앞머리에는 볼륨을 주지 않도록 하고, 턱쪽의 모발은 뒤쪽으로 웨이브 방향을 주도록 한다.

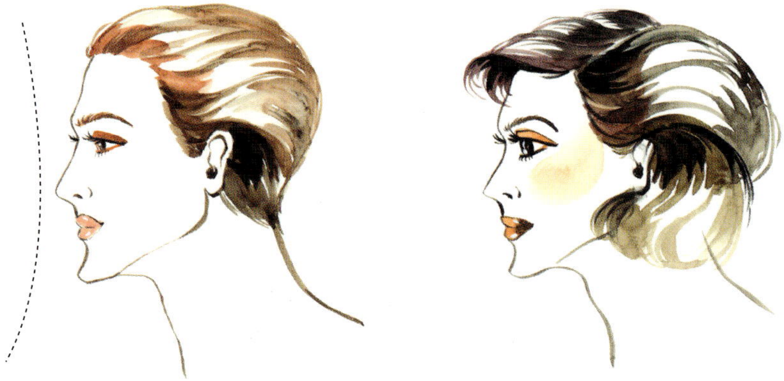

④ 그 외

벗겨진 이마는 앞머리를 늘어뜨린다. 큰 이마는 볼륨이 없는 앞머리를 이용해 이마를 덮어준다. 작은 코는 아이 같아 보이게 한다. 그러므로 머리카락을 뒤로 넘겨 코가 길어 보이도록 한다.

벗겨진 이마

커다란 이마

작은 코

(3) 목

- 짧은 목 : 모발을 쓸어 올려 목을 노출해 준다. 목이 가려지는 스타일은 피한다.
- 가늘고 긴 목 : 부드럽고 긴 웨이브로 목을 덮는다.

짧은 목

가늘고 긴 목

(4) 두상

모든 사람들의 머리 형태가 공처럼 둥근 것은 아니다. 헤어스타일을 결정하기 전에 두상을 파악하여 편평하거나 빈약한 부위에서는 볼륨을 주고 크거나 눈에 띄는 부위에는 볼륨을 줄여서 디자인한다.

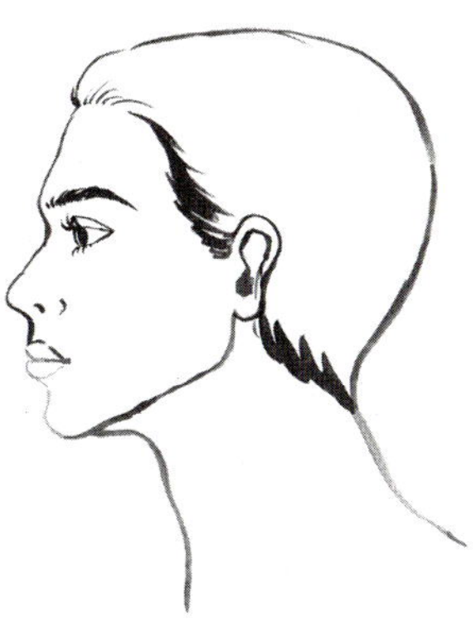

타원형 두상

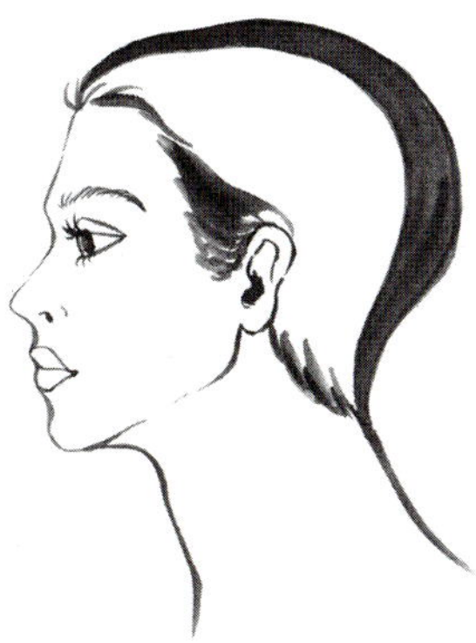

납작한 후두부

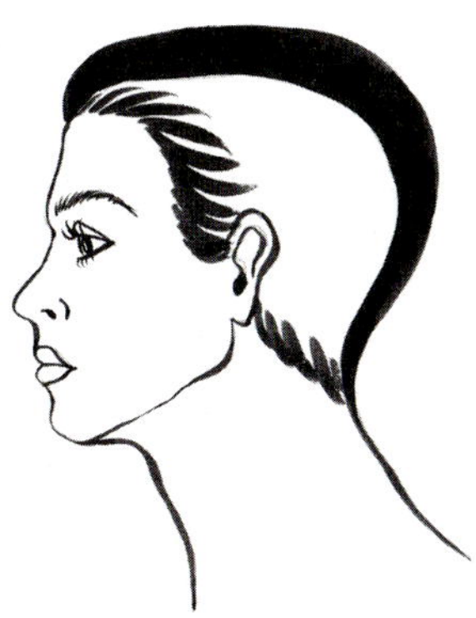

납작한 두정부

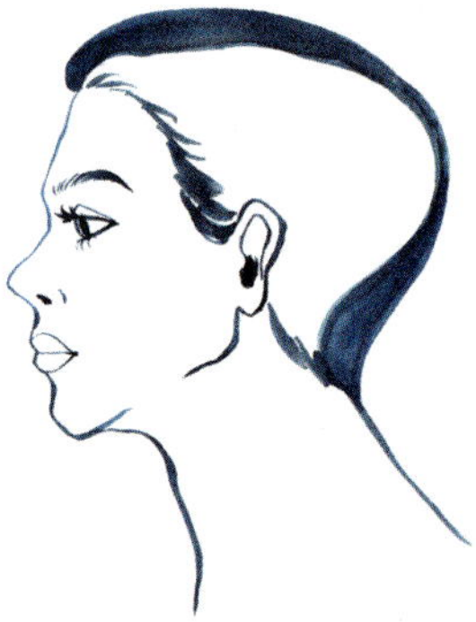

뾰족한 후두부

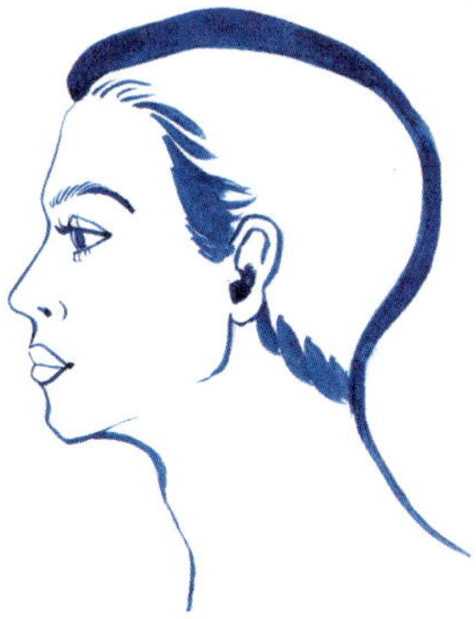

납작한 전두부

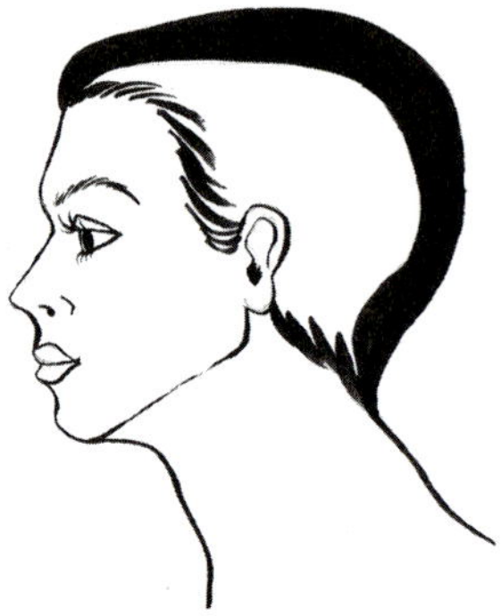

작은 두상

(5) 안경 착용자

안경을 쓰는 사람들은 헤어 스타일링과 화장습관에 관해 특별한 문제점을 가지고 있다. 어울리는 헤어스타일, 적당한 화장, 그리고 알맞은 안경의 조합은 안경을 쓰는 사람의 가장 좋은 특징을 강조할 수 있다. 안경테를 추천할 때 고려해야 하는 중요한 점은 크기, 모양, 색깔이다. 따뜻한 피부색을 가진 사람에게는 금테가, 차가운 피부색을 가진 사람에게는 은색이나 백납 테가 잘 어울린다.

몇 가지 기본적인 법칙은 다음과 같다. 안경테의 모양이나 무테 안경렌즈는 얼굴의 모양에 따라 골라야 한다. 이상적 얼굴형인 타원형 얼굴은 개인적인 특징을 특별히 고려하지 않는 한 거의 아무 테나 써도 된다. 다음은 안경을 쓰는 고객을 위한 몇 가지 기본적인 준수사항이다.

- 큰 얼굴은 보다 큰 테가 필요하고 작은 얼굴은 보다 작은 테가 잘 어울린다.
- 어두운 테는 얼굴을 더 작아 보이게 한다.
- 밝은 색의 테는 있는 그대로의 얼굴을 강조해 준다.
- 가늘고, 보다 섬세한 테는 작은 얼굴에 잘 어울린다.
- 크고, 윤곽이 뚜렷한 테는 키가 큰 여자에게 잘 어울린다.
- 안경테의 윗 부분이 눈썹을 덮는 것이 좋다.

① 둥근형 또는 사각형 얼굴

통통한 뺨과 둥근 이마를 가진 둥근 얼굴은 보름달 모양으로 보인다. 곧고 정방형의 라인을 가진 안경테는 얼굴을 가늘어 보이게 할 수 있다. 네모난 얼굴은 얼굴과 턱에 각이져 있다. 둥근 안경은 얼굴의 각을 부드럽게 하는 데 도움이 된다. 얼굴이 네모낳거나 클 때 두꺼운 테를 끼면 얼굴을 좀 더 섬세하게 보이게 할 수 있고, 머리를 높게 세우면, 얼굴을 길어 보이게 할 수 있다.

BAD

GOOD

② 역삼각형 또는 다이아몬드형 얼굴

이 두 모양의 얼굴의 특징은 넓은 광대뼈와 좁은 턱선이다. 그러므로 광대뼈 넓이를 최소화하기 위해 비교적 가늘고 어두운 색의 안경테를 써서 얼굴 윗 부분과 턱의 비율이 맞도록 하는 것이다.

BAD

GOOD

③ 작거나 좁은 얼굴

이러한 얼굴형은 얼굴길이와 넓이가 늘어나 보이도록 해야 한다. 강한 수직라인을 가진 안경테를 쓰면 좀 더 얼굴이 길어 보이고, 강한 수평라인을 가진 안경테는 얼굴을 보다 더 짧게 만든다. 그러므로 헤어스타일에 적당한 넓이와 높이를 주도록 한다.

BAD

GOOD

④ 삼각형 얼굴

삼각형 얼굴은 넓은 턱선과 좁은 광대뼈가 특징이다. 그러므로 턱선을 최소화하고 얼굴길이를 늘리도록 해야 한다. 크고, 타원형의 안경테가 각진 턱선을 부드럽게 해주고 눈을 강조해 줄 것이다. 모발은 위로 올려서 이마가 넓어 보이게 하고, 턱쪽의 머리는 안쪽으로 웨이브를 주어 턱을 좁아보이게 한다.

BAD

GOOD

(6) 가르마

가르마는 헤어스타일을 만드는데 중요하다. 눈은 가르마로 쏠리기 마련이다. 가르마는 항상 단정하고, 헝클어짐이 없어야 한다. 가능하다면 자연적 가르마를 그대로 타는 것이 좋다. 그러나 고객 머리모양이나 얼굴특징, 혹은 희망하는 헤어스타일에 맞는 가르마를 따로 만들 때도 있다. 이 때는 자연 가르마의 모류의 영향으로 영구적인 헤어스타일을 창조하는 것이 어려울 수 있다. 그러므로 이때는 자연 가르마와 최종 스타일을 위한 가르마와 절충점을 찾아야만 한다. 다음은 다양한 얼굴타입에 맞는 적당한 가르마를 만들기 위한 제안이다.

① 뱅을 위한 가르마

- 삼각 가르마 : 앞머리가 있는 경우에 주로 많이 하는 가르마이다.
- 사선 가르마 : 둥글거나 각진 얼굴에 길이감을 주거나 길거나 좁은 얼굴에 넓이감을 준다.
- 곡선 가르마 : 넓은 이마에 사용한다.

삼각 가르마 사선 가르마 곡선 가르마

② 스타일 가르마

- 옆 가르마 : 얼굴이 길어 보이게 하고, 빈약한 머리를 풍부하게 보이게 해준다.
- 가운데 가르마 : 타원형 얼굴에 주로 사용되지만 넓고 둥근 얼굴을 타원형처럼 보이게 하는 효과가 있다. 큰 코를 가진 사람은 시선이 코로 갈 수 있으므로 사용해서는 안 된다.
- 지그재그 가르마 : 헤어스타일에 재미를 준다.
- 사선 가르마 : 헤어스타일이 높고 넓어 보이게 한다.

옆 가르마

가운데 가르마

지그재그 가르마

사선 가르마

5) 헤어 컬러 이미지 메이킹

헤어 컬러는 헤어 디자인을 보다 매력적으로 보이게 할 수 있고, 얼굴형을 수정하는데도 사용할 수 있다. 밝고 따뜻한 색들을 앞머리 부분에 사용하면 얼굴이 길어 보이게 할 수 있고, 어둡고 차가운 색들을 옆머리에 사용하면 얼굴의 넓이를 감소시키고, 밝고 따뜻한 색들은 상대적으로 넓이를 증가시킬 수 있다.

컬러 선택(Color Selection) 시 색을 선택하기 전에, 머리 톤은 고객의 피부 톤과 공존할 수 있다는 사실을 명심해야 한다. 두 개 혹은 그 이상의 색을 사용할 때는 서로 비슷한 색을 골라야 한다. 대조가 높은 색을 사용할 때는 한가지 색은 적은 양을 사용해야 한다. 너무 강한 대조는 어색한 외모를 만들 수 있으므로 아주 유행에 진보적인 고객에게만 사용해야 한다.

(1) 얼굴형에 조화되는 헤어 컬러

얼굴형태	헤어 컬러
둥근형	얼굴이 넓어 보이므로 포인트는 전체적으로 얼굴이 갸름하게 보이는 것에 있다. 컬러링으로 얼굴 위쪽을 밝게 하면 전체의 얼굴 형태가 갸름하게 느껴진다. 이마 부분의 얼굴 위쪽에 하이라이트를 넣고 옆머리를 어둡게 하면 얼굴에 갸름한 인상을 준다.
역삼각형	역삼각형은 턱이 날카로워 보인다. 컬러링으로 관자놀이부터 아래의 부분을 밝게 하면 턱 라인에 볼륨이 생기고, 윗 부분을 진하게 하면 인상이 더 또렷해 보인다. 윗 부분에 하이라이트를 주면 윗 얼굴이 커 보이고, 역삼각형의 얼굴이 보다 강조된다.
사각형	사각형 얼굴을 때로는 얼굴이 커 보인다. 이마에 하이라이트를 넣으면 볼륨감이 생겨, 전체적으로 약간 길어 보이는 느낌을 줄 수 있다. 하지만 너무 밝게 하면 전체가 커 보이는 역효과를 준다. 사이드로부터 턱에 이르는 하이라이트는 턱 라인의 인상을 약하게 하여 깔끔한 인상을 준다.
장방형	장방형 얼굴은 컬러링으로 사이드부분을 밝게 하면 전체적 윤곽이 넓어 보인다. 그러므로 관자놀이 부분에 하이라이트를 넣는 것이 효과적이다. 그러나 너무 밝게 컬러링을 해도 부자연스럽다. 이마나 턱 근처 부분에 하이라이트가 들어가면 머리 전체가 더 길어 보인다.

얼굴형에 조화되는 헤어 컬러

(2) 피부색에 조화되는 헤어 컬러

피부색상계열	헤어 컬러
오렌지계	세련된 분위기로 깊이 있는 색이 어울린다. 메인 컬러는 짙은 갈색, 베이지색, 벽돌색 등 깊이 있는 안정된 색이다. 헤어컬러는 오렌지 골드가 어울린다.
옐로우계	밝고 귀여우며, 섹시한 분위기를 나타낸다. 메인 컬러는 오렌지, 산호빛 핑크, 터키식 블루 등 밝고 옅은 깨끗한 색이다. 헤어컬러는 적갈색, 잿빛 갈색이 어울린다.
블루계	샤프한 분위기는 조금 가까이 가기 힘든 인상으로 받아들여진다. 빨간 루즈가 잘 어울린다. 메인컬러는 모노톤, 블루, 쇼킹핑크 등 변화가 확실한 색이다. 헤어컬러는 마호가니 레드계가 어울린다.
핑크계	우아하고 품위 있는 소프트한 인상이다. 메인 컬러는 크림색, 소프트 핑크, 라이트 그레이 등 부드러운 파스텔 컬러이다. 헤어컬러는 보라색과 파란색의 하이라이트가 어울린다.

(3) 한국인의 베이스 컬러에 어울리는 헤어 컬러

① 한국인의 베이스 컬러

한국인들이 전통적으로 이상적으로 선호한 피부색상은 붉거나 검은 피부보다 흰 피부이다. 일반적으로 한국여성들은 본인의 피부가 노랗다고 생각하지만 실제적인 통계에 의하면 한국여성의 피부색상은 결코 노랗지 않음에도 불구하고 많은 여성이 맑고 투명한 흰 피부를 선호한 연유는 고대부터 흰색을 선호한 영향이 크다. 흰색은 고귀한 이미지와 깨끗하고 기품 있는 이미지를 갖는다. 정신세계의 영원성과 물질 세계의 부를 연상시키는 흰색의 이미지가 한국의 현대 여성의 뇌리에 남아 있기 때문이다.

한국 여성의 외형적인 이미지를 살펴볼 때 검은 모발과 검은 눈썹, 약간 노란 기미가 있는 피부, 붉은 입술과 뺨은 우리에게 친숙한 이미지이다. 친숙한 이미지를 형성하는 가장 기본적인 근거는 자연스러움이다. 색채를 통한 이미지 메이킹 디자인 시에 고려되는 개인의 일반적인 베이스 컬러는 피부, 눈썹, 눈동자, 모발 색 등으로 한국인의 색채 유형은 한정되어 있다.

베이스 컬러를 활용한 이미지 메이킹 디자인이 때론 인위적인 이미지를 풍길 수도 있지만 개인의 단점을 보완해줄 수도 있다. 피부색상과 모발의 색상, 눈동자의 색상은 나이가 들면서 부드러워지기도 하지만 개성이 흐려진다거나 이미지가 약해지기도 한다. 이러한 색상의 변화로 인한 문제를 베이스 컬러에 맞는 색상을 선택해 메이크업을 행함으로 피부의 결점을 커버해주고 피부 톤을 밝은 색상으로 연출해주어 건강한 피부를 표현해 활기찬 이미지를 전달할 수 있다.

피부는 신체의 많은 비중을 차지하며 대부분의 사람들이 밝고 건강하게 보이는 피부색을 원한다. 일반적으로 얼굴색채를 통해 개인의 건강과 병약함의 이미지를 느끼기도 한다.

구 분	색 채
모 발	어두운 갈색, 검정색, 명도 5~5.5
눈 썹	어두운 갈색, 검정색
피 부	• 6.5YR 중심(5YR : 붉은 피부, 7.5YR : 황색 피부, 6.5YR : 중간 피부) • 명도 6~8(명도 7 이상 - 흰 피부, 명도 6.5 이상 - 보통 피부, 명도 6.5 미만 - 약간 검은 피부)
입술·뺨	붉은색
눈동자	다갈색

구 분	어울리는 색채
얼굴형	큰형 : 어두운 색 작은형 : 밝은 색
색채 이미지	높은 채도와 명도, 따뜻한 색, 밝은 색 : 밝고 활기찬 느낌, 젊은 느낌 낮은 채도와 명도, 차가운 색, 어두운 색 : 고요하고, 성숙하며 세련된 느낌

피부의 명도가 얼마나 밝고 어두운가에 관계없이 피부의 특히 얼굴의 색상은 붉은쪽으로 가까우면 건강한 상태를, 노랑은 비정상적으로 나쁜 건강 상태를 표현한다.

한국인의 피부색채는 6.5YR을 중심으로 5YR-7.5YR의 범위에 명도는 6-8의 범위에 분포되어 있다. 명도는 7 이상의 피부색채를 가진 사람은 흰 피부, 6.5 이상의 피부색채는 보통 피부, 6.5 미만의 피부색채는 약간 검은 피부라고 할 수 있다.

색채 면에서는 5YR계의 사람은 붉은 피부색채를 띄며 6.5YR의 사람은 중간 색채의 피부 톤을, 7.5YR의 사람은 황색의 피부색채를 띤다.

특징적으로 흰 피부색채일수록 채도는 낮아지고 검은 피부일수록 채도가 높아진다. 베이스 컬러에 따라 그에 어울리는 색채를 활용해 자신에게 맞는 이미지 메이킹 디자인을 연출하여야 한다.

② 헤어 컬러와 이미지 메이킹

우리가 느끼는 컬러란 눈을 통하여 이뤄져 지각되어진 생리적인 경험이다. 베이스 컬러 중에서 피부색채 다음으로 큰 부분을 차지하는 헤어 컬러는 개인의 호감도와 연결되기 때문에 컬러의 배색 시 조화성을 고려해 보아야 하는 것이 당연한 일이다. 헤어디자인 시 모발의 색상을 이용해 시각적인 효과를 만들 수 있다.

모발의 색상도 다양한 명도와 채도를 갖는데 계절에 따른 모발 색을 보면, 봄에는 밝은 갈색계열의 모발색상을 선호하고 여름은 명도가 더 높은 색상이나 회색계열, 한색계열이 유행하며 가을이나 겨울에는 모발의 명도가 어둡다. 얼굴형에 따른 모발색을 보면 얼굴이 클 경우에는 어두운 모발색상으로 좀 더 작은 얼굴로 표현이 가능하고, 작은 얼굴의 소유자일 경우는 밝은 모발색상을 연출하여 이상적인 얼굴형과 이미지를 전달할 수 있다.

일반적으로 피부와 모발의 명도가 근접할수록 어울리는 의상의 색채나 메이크업의 색채범위는 좁아지며 피부와 모발의 명도 대비가 클수록 사용할 수 있는 색채의 범위가 넓어진다.

색채는 우리의 분위기와 성격에 깊은 영향을 주며 개인이 선호하는 색채나 모발의 색채 등을 통해 그 개인이 가지고 있는 심리나 그에 따른 이미지를 연상할 수 있다. 또한 선명한 원색들은 밝고 활기찬 느낌을 주며, 색상이 많이 혼합되고 탁한 채도일수록 고요하고 성숙한 이미지, 세련된 이미지를 줄 수 있다. 이러한 색채의 이미지를 통해 베이스 컬러에 맞춰 모발염색 시에 고객의 라이프 스타일과 연령, 직업 등을 고려하여, 그 개인이 타인에게 본래의 자신보다 젊게 보이고자 할 때는 밝은 채도의 색채를 사용하고, 또 성숙하거나 세련된 이미지를 원할 때는 어두운 명도의 모발색상을 선택하여 시술하는 것이 좋다. 따뜻한 색채와 밝은 색채 등을 통해 개인의 활동적인 이미지나 조용한 성격 등의 이미지를 전달해줄 수 있다.

개인마다 인체의 고유색을 갖고 있어 본인의 베이스 컬러에 맞는 색채를 접하게 되면 얼굴색채의 이미지가 밝아 보이고 젊어 보인다. 예를 들어 한국은 사계절이 뚜렷한 나라로 지역별로 약간의 차이는 있지만 피부색채가 거의 노르스름한 기를 띠어 원색과 검정색이 어울리지 않는 특징을 가지고 있다. 그러나, 실질적으로는 날씬하게 보이기를 원하거나 세련된 이미지를 연출하기 위해 검은 계열의 의상을 입는 경우가 많다.

그러나 의상의 색채를 검정색으로 사용했을 경우 피부색이 밝아 보이지 않고 오히려 더 노랗게 보이는 시각적인 효과를 주어 한국인이 선호하는 밝은 피부색과는 거리가 멀어진다. 그래서 한국인이 개인의 베이스 컬러에 어울리지 않는 검정색을 위주로 이미지 메이킹 디자인을 시도할 경우 얼굴형이 더 커 보이고 혈색이 없어 보이며 나이가 들어 보이는 경향이 있다. 서양인의 피부는 희고 밝은 피부색을 지녀 원색이 잘 어울리는 특징을 가지고 있고 피부색채와 눈동자의 색채가 밝기 때문에 따뜻한 계열의 색채가 잘 어울린다.

이와 같이 개인의 베이스 컬러에 어울리는 색채는 기후나 지역, 환경에 의해 달라진다. 개인에게 다양한 색채가 다 어울리는 것은 아니며 베이스 컬러에 어울리는 색채의 범주가 있고, 또 색채심리에 의해 개인의 이미지가 달라지기 때문에, 개인의 고유색에 어울리는 색채를 활용하여 자신의 체형이나 직업, 성격 등에 맞게 이미지 메이킹 디자인을 해야한다.

피부 색상과 모발의 색상, 눈동자의 색상은 의복과 메이크업의 색채를 정하기 전의 베이스 색상이라고 할 수 있다. 즉, 이미지 메이킹 디자인에 제시되는 인체의 색채는 배경 색채를 제공한다고 할 수 있다.

피부의 색상을 더 밝고 맑게 보이기 위해, 건강하게 보이기 위해, 사람과 의상의 색상과 메이크업의 색상간에 미묘한 효과를 보다 효율적으로 연출하기 위해 어떤 색채를 사용하여 모발의 색채를 체인지 할 것인가? 등의 답을 얻기 위해 우리는 색채가 주는 이미지와 심리적인 느낌을 연구해야 하고 개인이 표현하고자 하는 이상적인 이미지를 고려해보고 이를 완성시킬 수 있는 색채의 응용방법을 알아야 한다.

2. 메이크업

1) 얼굴 균형도

(1) 얼굴 각 부분의 명칭

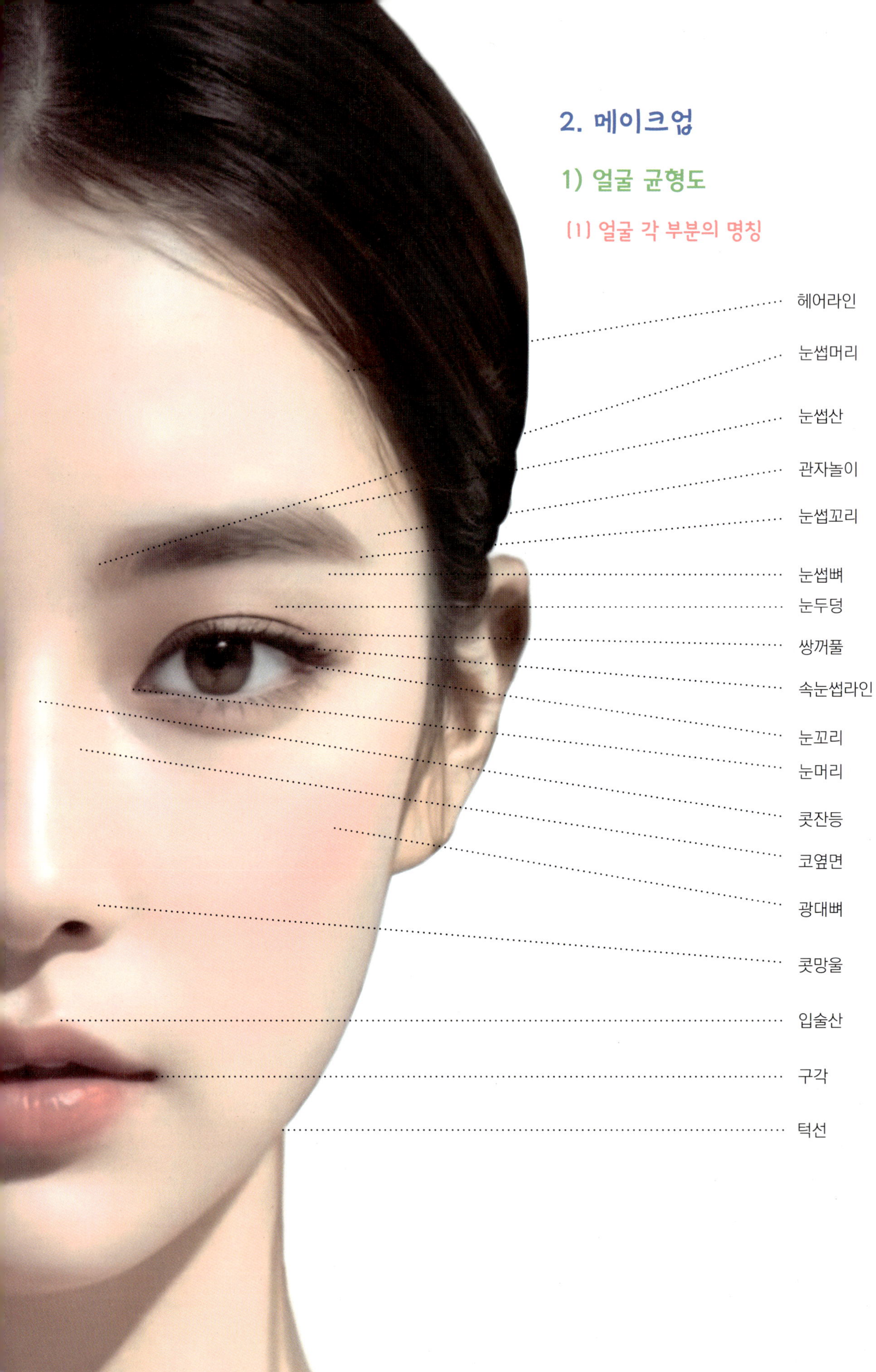

(2) 얼굴 균형도 Face Proportion

얼굴 각 부분들의 이상적인 비율을 그림으로 표현한 것이다. 이 비율을 생각하여 전체적인 얼굴을 수정하고 장점을 강조한다면 균형 잡힌 얼굴로 만들 수 있다.

동양에서는 얼굴 가로길이와 세로길이의 비율이 1:1.3 정도를 계란형으로 보고, 서양에서는 1:1.5 정도로 더욱 갸름한 형태를 이상적으로 본다.

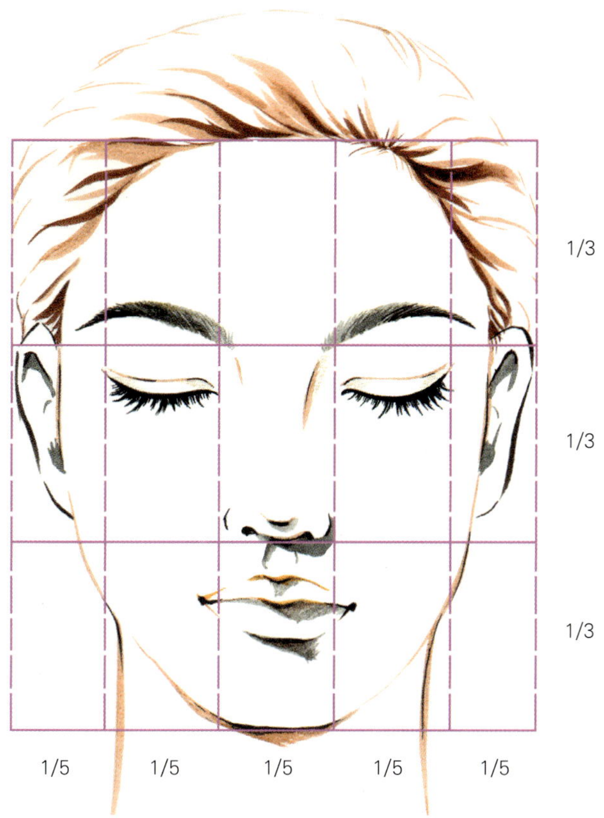

가장 이상적인 얼굴의 크기

- 얼굴의 길이 : 약 18.5cm
- 얼굴의 넓이 : 약 13cm
- 입술의 길이 : 약 4.6cm
- 눈의 길이 : 약 3.4cm

① 세로분할

가로로 3등분 했을 때 길이가 모두 같은 것이 이상적이다.

- 1등분 : 헤어라인에서 눈썹
- 2등분 : 눈썹에서 코끝
- 3등분 : 코끝에서 턱끝

② 가로분할

세로로 5등분 했을 때 그 폭이 모두 같은 것이 이상적이다.

- 1등분 : 귀끝에서 눈꼬리
- 2등분 : 눈꼬리에서 눈머리
- 3등분 : 눈머리에서 반대눈머리
- 4등분 : 반대 눈머리에서 반대 눈꼬리
- 5등분 : 반대 눈꼬리에서 반대 귀끝

③ 눈썹의 위치

눈썹머리는 콧볼에서 수직으로 올라간 선에 있으며, 눈썹꼬리는 콧망울에서 눈꼬리를 연결한 선과 만나는 지점에 위치한다.

④ 입술

정면을 바라보았을 때 눈동자 안쪽 선에서 수직선을 그은 선에 입술꼬리가 위치하며, 윗입술과 아랫입술의 비율은 1:1.5 정도가 적당하다.

2) 얼굴형에 따른 분류 및 수정메이크업

사람의 얼굴은 얼굴형에 따라 몇 가지 형태로 나뉘어 볼 수 있다. 대부분은 한가지의 얼굴형을 가지기 보다는 2~3가지의 다른 형이 섞여있는 복합적인 형을 가지고 있다. 이러한 얼굴형을 잘 파악하여 그에 맞는 메이크업을 함으로서 미적으로 완성된 형태를 만들 수 있다.

(1) 계란형 Oval Face

일반적으로 미인의 기준이 되는 형으로 갸름한 얼굴형을 말한다. 모든 얼굴윤곽의 수정 시 기준이 되는 형이다.

특별한 수정 메이크업이 필요치 않으며 얼굴의 돌출된 부위를 강조하여 입체감을 준다.

(2) 각진 얼굴 Square Face

턱이 각진 형으로 강한 인상을 주며 길이에 비해 가로 폭이 넓어 평면적이다. 얼굴 전체의 길이가 짧고 넓으며 헤어라인이 각지고, 특히 턱뼈가 넓고 각진형태로 발달하였다.

Base 이마와 턱의 각진 부분과 얼굴 폭이 좁아 보이도록 이마의 헤어라인 양쪽 측면에도 섀딩을 넣는다. 이마, 콧등, 턱끝, 눈밑은 긴 삼각형으로 하이라이트를 넣어 얼굴길이를 길어 보이게 한다.

Eyebrows 약간 두꺼운 듯한 곡선형으로 그린다.

Blusher 턱끝을 향해 길게 둥근 느낌으로 넣어 준다.

(3) 역삼각형 얼굴 Uninverted Triangle Face

턱이 뾰족한 형으로 세련되고 날카로운 이미지이다. 이마가 넓고 턱이 좁으며, 헤어라인이 각지거나 하트형의 경우가 많다.

Base 눈 밑을 넓은 가로로 하여 양볼에 하이라이트를 넓게 주고, 헤어라인 부분과(특히 이마 양쪽 끝) 턱끝에 섀딩을 준다.

Eyebrows 아치형으로 눈썹산이 높아야 이마가 좁아 보이며 곡선으로 부드럽게 보이게 한다. 기본형의 눈썹산 위치보다 앞쪽으로 향하도록 한다.

Blusher 광대뼈를 감싸며 가로로 바른다.

(4) 둥근형 얼굴 Round Face

얼굴 전체에 각이 많지 않은 형으로 귀여운 이미지이다. 얼굴 전체의 길이가 짧고 헤어라인이 둥글며 코가 짧은 경우가 많다.

Base 얼굴의 양쪽측면에 전체적으로 섀딩을 주고 노즈섀도를 준다.

이마, 콧등, 턱끝, 눈 밑은 긴 삼각형으로 하이라이트를 주어 세로선을 강조한다.

Eyebrows 각진 형태나 상승형으로 그려준다.

Blusher 입 꼬리나 턱끝을 향하도록 폭이 넓지 않게 넣어준다.

(5) 긴형 얼굴 Oblong Face

얼굴전체의 길이가 긴 얼굴로 코가 긴 경우 얼굴이 길지 않아도 긴 형의 느낌을 가지며 성숙한 이미지이다.

Base 헤어라인, 코끝, 턱 끝을 가로방향으로 섀딩을 주고, 이마와 눈 밑은 가로방향으로 하이라이트를 주어 전체적으로 가로선이 강조되어 길이보다 폭을 강조한다.

Eyebrows 직선형으로 그려 얼굴이 분할되어 보이도록 한다.

Blusher 가로방향으로 넓게 발라준다.

3) 눈 형태에 따른 수정 기법

(1) 작은 눈

- 눈꺼풀 전체에 밝은 색상의 아이섀도를 바르고 포인트 컬러를 눈 뒤쪽으로 수평이 되도록 길게 넣어준다.
- 아이라인은 수평적인 느낌이 나도록 뒤쪽까지 길게 그려주고, 윗 라인과 아래 라인이 만나지 않도록 한다.
- 인조 속눈썹을 사용하여 눈을 강조할 수 있으며 중간과 바깥쪽이 강조되는 인조 속눈썹을 사용하면 눈을 강조할 수 있다.

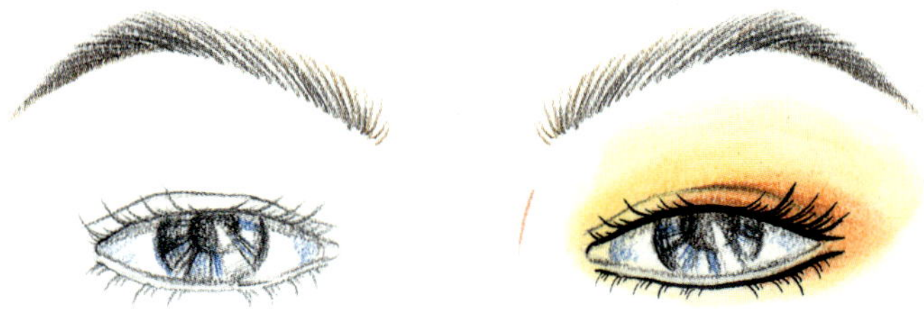

(2) 돌출되고 큰 눈

- 펄이 들어있지 않은 아이섀도를 사용하는 것이 좋다.
- 아이라이너는 속눈썹 사이 사이를 채워 두껍지않게 그리고 눈의 중간부분은 생략하거나 얇게 그리는 것이 좋다.
- 인조속눈썹은 낱개 속눈썹을 사용하며 인조속눈썹과 마스카라의 과도한 사용은 피하고 되도록 자연스럽게 한다.

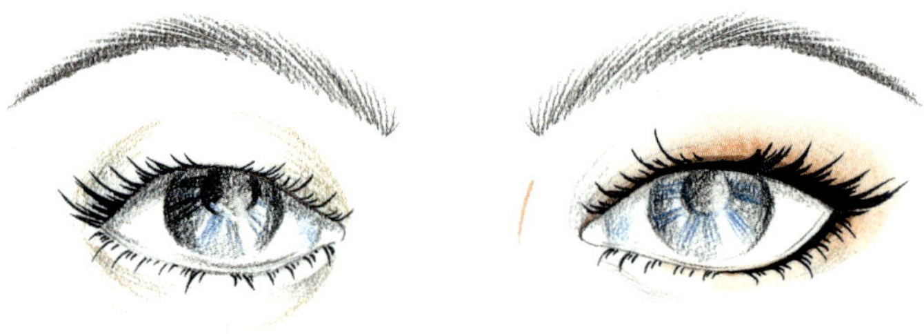

(3) 눈꼬리가 처진 눈

- 포인트 컬러를 눈꼬리 쪽으로 더 높게 발라 눈꼬리 부분이 올라가 보이도록 한다.
- 아이라이너 역시 눈의 2/3지점부터 눈꼬리 쪽으로 라인이 올라가고 눈앞머리보다 두껍게 그린다.
- 인조 속눈썹 부착 시 눈꼬리 부분을 약간 위에 부착하고 눈썹 사이 사이는 아이라이너로 채운다.

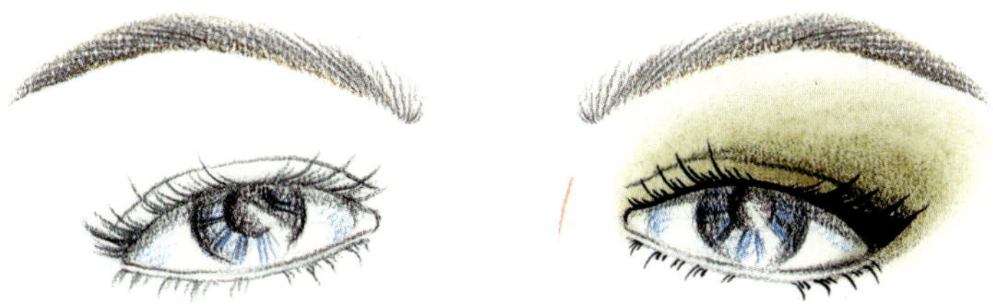

(4) 눈꼬리가 올라간 눈

- 포인트 컬러는 앞머리가 눈꼬리보다 약간 높거나 수평이 되도록 바르고, 언더섀도우를 넓게 바른다.
- 아이라이너는 앞머리 쪽을 좀더 두껍게 그리고 눈꼬리는 얇게 그린다.
- 인조속눈썹 부착 시 중간부터 뒤쪽이 길어지기 보다는 일정한 길이를 가지도록 부착한다.

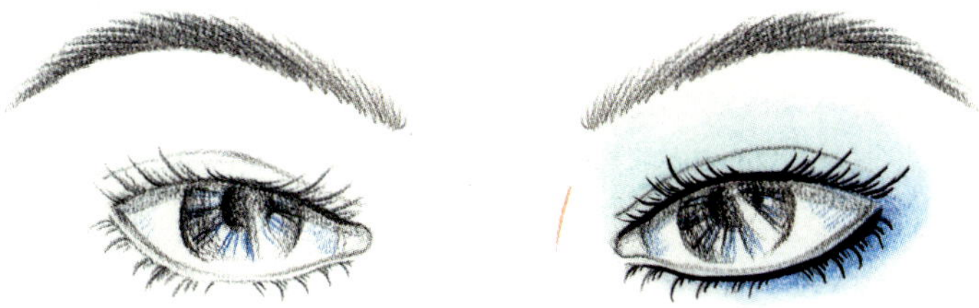

(5) 움푹 들어간 눈

- 전체적으로 어두운 색상을 사용하는 것은 피하고 눈두덩중앙에 밝은색과 펄감의 색상을 이용하여 하이라이트를 준다.
- 아이라이너와 인조속눈썹은 눈꼬리의 처지고 올라감에 따라서 조절하여 부착한다.

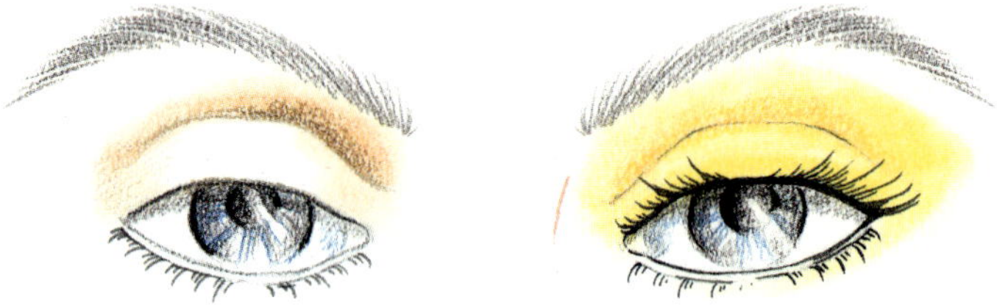

(6) 미간이 좁은 눈

- 눈앞머리쪽은 밝은 색상으로 표현하고 눈의 뒤쪽을 강조한다.
- 아이라이너는 눈꼬리 쪽을 또렷하게 그린다.
- 인조속눈썹은 눈꼬리 쪽이 길어지도록 부착한다.

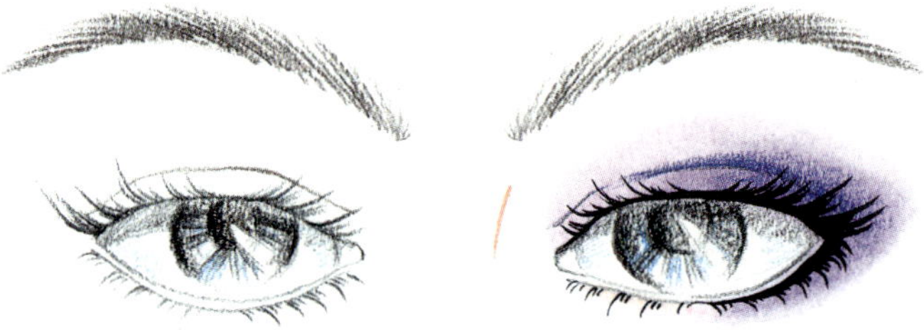

(7) 미간이 먼 눈

- 눈앞머리를 완전히 감싸도록 포인트 컬러를 좀 더 연장하여 그린다.
- 아이라이너는 전체적으로 수평의 느낌으로 앞머리부터 또렷하게 그린다.
- 인조 속눈썹은 앞머리부터 일정하게 표현한다.

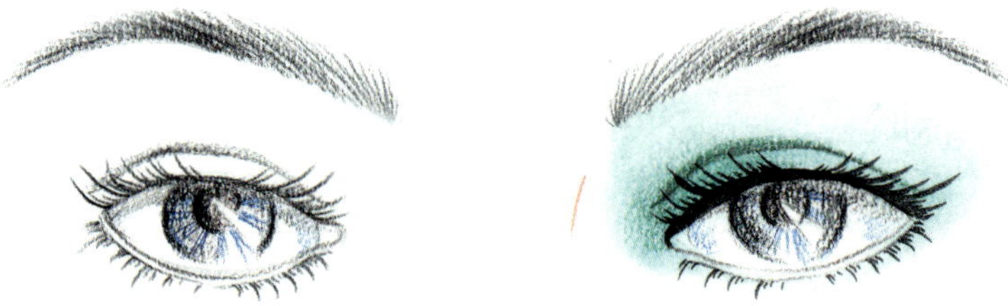

(8) 둥근 눈

- 아이섀도는 수평이 되도록 발라준다.
- 아이라이너는 눈머리와 눈꼬리를 강조하여 수평으로 그리고 가운데는 생략하거나 얇게 그린다.
- 인조 속눈썹 부착 시 날개 속눈썹으로 가운데는 짧은 것으로 한다.

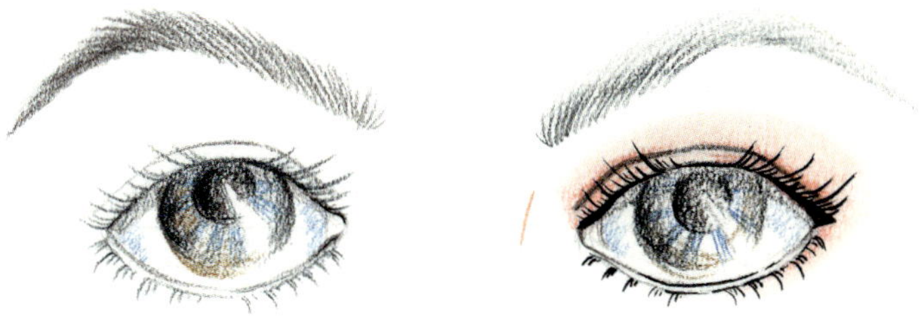

(9) 쌍꺼풀 없는 눈

- 아이섀도는 선택 시 붉은 색상계열은 부어보일 수 있으므로 피하고, 보통 쌍꺼풀이 없는 눈들은 눈썹과 눈사이가 멀어 눈썹뼈 아래에 하이라이트를 준다.
- 아이라이너는 굵게 그려주거나 아이섀도나 펜슬로 포인트 준다.
- 인조 속눈썹 부착 시 눈매에 깊이감을 줄 수 있다.

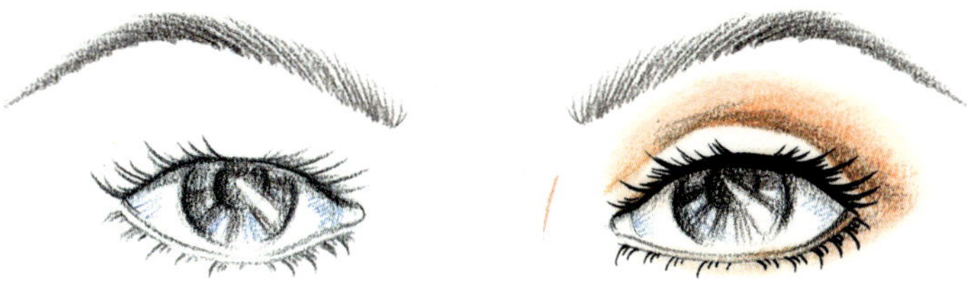

4) 입술 형태에 따른 수정 기법

- 윗입술과 아랫입술의 비율은 1:1.5 정도로 만든다.
- 입술산을 기준으로 좌우대칭이 되도록 한다.
- 입술선이 다를 경우 차이가 나는 부분을 채워서 그린다.
- 파운데이션과 컨실러를 사용하여 원래 입술선을 교정한다.
- 입술산이 높을수록 상대적으로 입술은 더욱 좁아 보인다.
- 입술라인 수정 시 위아래로 1~2 mm 이상은 나가지 않도록 한다.

(1) 두껍고 큰 입술

- 파운데이션과 컨실러를 이용하여 원래 입술선을 교정한다.
- 어두운 색의 립 라이너로 원래 입술선보다 안쪽으로 그린다.
- 너무 밝거나 펄감이 있는 립색상은 피한다.
- 두꺼운 입술 수정 시 컨실러를 사용하여도 자연스럽지 않으므로 입술산을 중심으로 입술선을 화이트 펄을 사용하여 그려주면 입술에 입체감이 생김과 동시에 자연스럽게 줄일 수 있다.

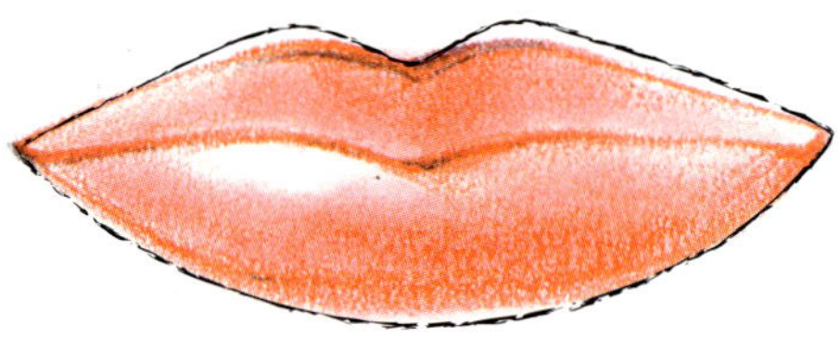

(2) 얇은 입술

- 파운데이션을 이용하여 원래 입술선을 교정한다.
- 립 라이너로 원래 입술선보다 1~2 mm 바깥쪽으로 그린다.
- 밝은 색상이나 립글로스를 사용하는 것이 좋고 입술 중앙부분에 펄을 주어 입체감을 준다.

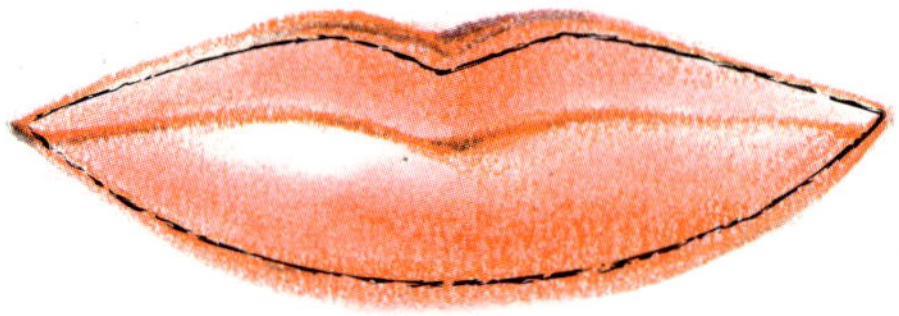

(3) 모양이 고르지 않은 입술

- 컨실러로 구각부분을 교정하고 색을 채운다.
- 립라인은 구각 끝부분을 약간 올려서 그리고, 아랫입술은 완만한 곡선을 이루도록 한다.
- 입술산은 너무 높지 않게 그리고, 윗 입술라인을 직선이 아닌 S자 형태로 만든다.

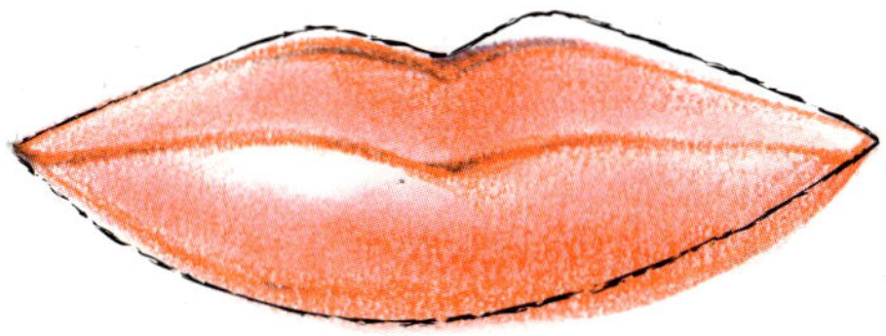

(4) 처진 입술

- 컨실러로 구각부분을 교정하고 색을 채운다.
- 립라인은 구각 끝부분을 약간 올려서 그리고 아랫입술은 완만한 곡선을 이루도록 한다.
- 입술산은 너무 높지 않게 그리고 윗 입술라인을 직선이 아닌 S자 형태로 만든다.

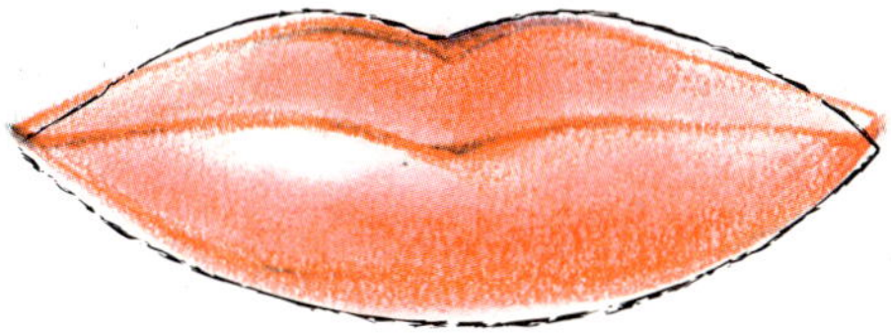

(5) 좁은 입술

- 동양인들에게 많은 입술형으로, 컨실러를 사용하여 입술산을 낮추며 입꼬리를 연장하여 그려준다.

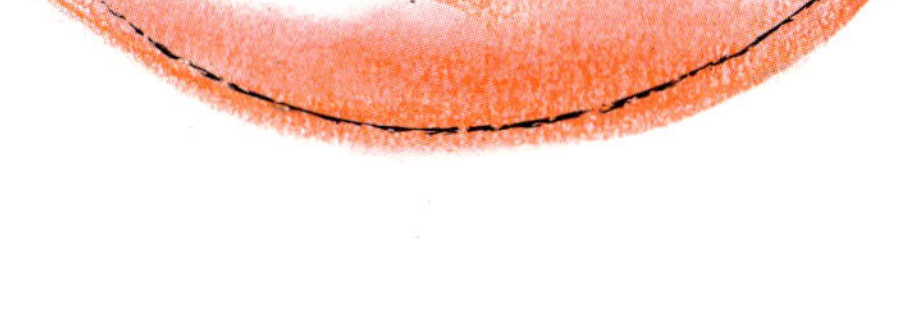

chapter 07

Worksheet

1. 얼굴 및 헤어 분석 후 모델에게 어울리는 헤어&메이크업 스타일링을 하시오.

1) 분석을 위한 안면 사진 촬영 / 사이즈 체크

1. 헤어밴드 착용 후 얼굴은 정면을 응시하시오.
2. 정면 응시 후 눈을 뜨고 사진 촬영 후 부착하시오.
3. 부착한 사진에 얼굴의 가로, 세로 사이즈를 측정하시오.

사진

가로 ________ cm
세로 ________ cm
대각선 ________ cm

2) 얼굴형 및 헤어

얼굴형 :

기장 :

가르마 :

앞머리 :

펌 :

3) 세부 진단

얼굴형의 문제점	
얼굴형의 문제점 해결방안	
얼굴형에 어울리는 헤어 스타일	

4) 헤어 & 메이크업 스타일링 제안

* 모델에게 어울리는 헤어 컬러 및 메이크업 색상을 부착하시오.

▸ **헤어**	컬러칩	컬러칩	컬러칩	컬러칩	▸ **아이섀도**	컬러칩	컬러칩	컬러칩	컬러칩
▸ **파운데이션**	컬러칩	컬러칩	컬러칩	컬러칩	▸ **블러셔**	컬러칩	컬러칩	컬러칩	컬러칩
▸ **아이브로**	컬러칩	컬러칩	컬러칩	컬러칩	▸ **립스틱**	컬러칩	컬러칩	컬러칩	컬러칩

2. 모델에게 어울리는 헤어&메이크업 디자인 전/후 사진을 부착 후 스타일링 제안 방법에 대하여 서술하시오.

Before	After
사진	사진

스타일링 제안 방법

참고문헌

1. 기초색채와 디자인. 박숙희, 정향진. 태학원. 1999.
2. 동아원색대백과사전 23. 동아출판사 백과사전부. 1982.
3. 디자인 사전. 민철홍, 한도룡, 조영제, 권영광, 안상수. 안그라픽스. 1994.
4. 디자인 센스. 강명구. 문운당. 1999.
5. 디자인을 위한 색채계획. 고을한, 김동욱. 미진사. 1994.
6. 랑크로의 색채디자인. 아키라 후지모토. 김기환 역. 도서출판 국제. 1991.
7. 멋을 아는 남자! 코오롱모드. 코오롱 주식회사. 1995.
8. 박경화의 이미지 컨설팅. 박경화. 둥지. 1996.
9. 복식의 장학. 유송옥. 수학사. 1999.
10. 사계절 이미지에 의한 도자 표현. 김도희. 이화여자대학교 석사논문. 1993.
11. 산업디자이너 교육교재. 홍성수. 한국 디자인 포장 센터. 1986.
12. 성공하는 남자의 옷입기. 김동수, 정혜인. 까치. 1993.
13. 색채 디자인의 원리. 우시우스 옹. 유관호 옮김. 청우. 1990.
14. 색채 응용 및 기호심리에 관한 조사연구. 김영철. 계명대학교 예술대학원 석사논문. 1978.
15. 색채 표현. 신지식 편역. 조형사. 2002.
16. 색채기호와 색 연상에 관한 조사 연구. 정지현. 성균관대학교 대학원 석사논문. 1982.
17. 색채를 통한 제품의 이미지 계획에 관한 연구. 정숙경. 이화여자대학교 석사논문. 1989.
18. 색채와 디자인. 박영순, 이현주. 교문사. 2012.
19. 색채의 영향. 피버비렌. 시공사. 1996.
20. 색채이론과 실제. 유관호 편저. 청우출판. 1994.
21. 색채조형의 기초. 박은주. 미진사. 1989.
22. 시각 커뮤니케이션 디자인. 박선의, 최호천. 미진사. 2003.
23. 시각디자인의 기초. 권상구. 미진사. 1999.
24. 실무를 위한 패션 디자인. 김영자. 경춘사. 2003.
25. 실용색채학. 박도양. 이유출판. 1992.
26. 의류용어집. 한국의류학회 편저. 한국의류학회. 1994.
27. 의상학의 이해. 이선재. 학문사. 1998.
28. 의생활과 패션코디네이션. 이경손. 일진사. 1998.
29. 점 · 선 · 면 칸딘스키의 예술론 II . 칸딘스키, 차봉희 옮김. 열화당. 2004.
30. 컬러 이미지 사전. 이홍규 편저. 조형사. 1999.
31. 컬러 하모니(Color Harmony). B.M. 웰런 지음. 박연선 옮김. 미진사. 1995.
32. 컬러 코디네이터를 위한 색채학 입문. 박필제, 백숙자 공저. 형설출판사. 1999.
33. 표준미용학. Milady. 정담미디어. 2003.
34. 패션과 뷰티를 위한 코디네이션. 이현숙. 신정출판사. 2002.
35. 패션과 색채. 김문숙 편저. 경춘사. 1988.
36. 패션 다이어트. 현하. 도서출판 삶과 꿈. 1995.
37. 패션디자인 발상. 이경희 외. 교문사. 2001.
38. 패션소재기획. 김정규. 교문사. 2001.
39. 패션을 위한 디자인. 오희선. 경춘사. 2001.
40. 패션 컬러. 메리 가서 지음. 박현신 옮김. 미진사. 1996.
41. 패션코디네이션의 이해. 유태순. 신정출판사. 2001.
42. 패션코디네이션. 장애란. 예학사. 2000.
43. 패션큰사전. 패션큰사전 편찬 위원회. 교문사. 1999.
44. 한국어 대사전. 한국어 사전 편찬회 편. 현문사. 1976.
45. 현대사회와 패션. 이인자. 건국대학교 출판부. 2002.
46. 화장술의 역사. Dominique Paquet. 지현 번역. 시공 디스커버리. 1998.

47. 色彩의 藝術. 요하네스 이텐. 김우석 엮음. 지구문화사. 2015
48. Fashion Color 1999 No 61. Fashion View Magazine.1999.
49. Make up Icon. 권구정, 김선영, 이경선, 윤정희, 김찬수, 이경은. 청구문화사. 2016.
50. Milady's Standard Textbook of Cosmetology. Arlene Alpert etc. Thomson. 2004.
51. Samsung Fashion Trend 2004 Spring/Summer. Samsung Fashion Institute. 2004
52. Votre Beauté. Janvier 2000.
53. Pinterest. https://kr.pinterest.com/.

찾아보기

INDEX

집필위원

전선정(강릉영동대학교)	이귀영(신안산대학교)	안현경(동남보건대학교)
김선영(연성대학교)	신세영(서경대학교)	한채연(서영대학교)
김정희(원광대학교)	이미희(동서울대학교)	허정록(백석대학교)

Beauty Styling

2024년 07월 01일 초판인쇄
2024년 07월 10일 초판발행

지은이 : 전선정, 이귀영, 안현경, 김선영, 신세영,
한채연, 김정희, 이미희, 허정록
펴낸이 : 이상태
펴낸곳 : 청구문화사
(03706) 서울특별시 서대문구 성산로11길 15
전 화 : 02-332-0541(代) FAX : 02-337-9577
등 록 : 1990년 11월 2일 제9-247호

가격 30,000원

ISBN 978-89-5616-933-0 93590